徐子清

著

世界如此残酷
你要全力以赴

逆境成功的十个关键词

辽宁人民出版社

前言

在经济发展越来越迅速、竞争越来越激烈的今天，无论是什么行业的人，都能切身感受到所置身的环境正发生着日新月异的变化。

很多人面对这些变化，都选择止步不前。殊不知，大环境不好的时候，才更有翻身的机会。还有些人很想创业，想做个成功的商人，但都只是在心里想想，很少将这个想法付诸到现实行动中去。

别人问及原因的时候，他不会从自身找原因，而是抱怨。抱怨自己的出身不好，抱怨周边的环境不好，抱怨机遇不好……凡此种种。将自身的遭遇推脱在大环境不好上，但真的是因为这些原因才没有成功吗？答案是："No！"

现实生活中这样的人不在少数，他们不知道，其实机遇对每个人都是均等的。不同之处在于，得到机遇垂青的人付出了更多的汗水，他们会在机遇来临之前做好准备，将自己"全副武装"，在稍纵即逝间抓住属于自己的机遇。

其实，大环境对个人是有影响，但在同样的大环境下，却有成功者，也有失败者。创业中无论顺境还是逆境，要想得到一定的发展，就要善于规避大环境中不利的因素，寻找到可能成功的机会。就像马云送给清华学子的寄语："所有昨天不好的事情都是你的机会，别人在抱怨的时候才是你看到机会所在。"

从现在开始，不要抱怨自己缺乏机遇，也不要在机遇面前彷徨无措，只要你内心重视它，时刻想着它，并按照自己的需要，对可能出现的机遇保持一种敏感和警觉，一旦有出现的苗头，要盯紧它，并迅速观察、审视、分析……倘若认定它的确有价值，就不要犹豫不决，要立刻采取措施，有效地加以利用，使其转化为某种成果。正如巴尔扎克所说："人们若是一心一意地做某一件事，总是会碰到偶然的机会的。"只要你留心于机遇，就能遇到机遇。

生活中充满机遇，要加强知识的积累，拥有敢为天下先的创造意识和勇气，把握时机，这样才会获得事业上的成功。记住：每次陷入绝境都是一次挑战，只要坚持一下，总有一天会成功！

本书由十个章节构成，涵盖了商机、冒险、合作、竞争等多方面内容。您可以从头到尾完整地读完本书，也可以从某些感兴趣的章节开始阅读。不管您是职场达人，抑或是创业者，希望读完本书之后，能让您迅速摆脱平庸，找回奋斗的激情！

目录 CONTENTS

第六章

挑战：胆量有多大，路就有多宽

第七章

善变：临机应变，天无绝人之路

第一章

坚持：昨天不好的事情都是你的机遇

"所有昨天不好的事情都是你的机会，别人在抱怨的时候才
是你看到机会所在。"哪里有抱怨哪里就会有机会，哪里环
境不好哪里就会有商机。

支持不下去的时候，其实就是黎明的前夜

一个人在人生低谷中徘徊，感觉自己支持不下去的时候，
其实就是黎明的前夜，只要坚持一下，再坚持一下，
前面必定是一道亮丽的彩虹。

　　成功绝不是偶然的，虽然有时候看起来很简单，但是在我们没有注意到的地方，成功的人一定付出了艰辛的努力。大多数时候我们只知道羡慕别人的成功，却很少想过别人为成功做出了怎样的努力。

　　很多年前，有一个女孩子非常喜欢足球，一次偶然的机会，她被父亲送到了体校学习踢足球。

　　体校的所有女孩当中，她并不是出类拔萃的，她之前根本就没有受过规范的训练，不论是踢球的动作还是感觉都比不上其他队友。

　　女孩每次上场训练踢球的时候都会被队友们嘲笑，说她是"野路子"，很长

一段时间，她的情绪都很低落。

学校里每个队员踢足球的目标都是希望自己早日进入职业队，职业队也经常来体校挑选后备队员。每次职业队来学校选人的时候，女孩都很卖力，可是一直没有被选中。身边的很多队友陆续进入职业队，而那些没有被选中的，有的已经悄悄离开了学校。

女孩也询问过一直以来对她赞赏有加的教练，教练总是很委婉地说："名额不够，下一次就是你。"每次听到这句话，天真的女孩就看到了希望，又有了信心。

可是一年时间过去了，女孩还是没有被选上，她实在没有信心再练下去，她觉得自己虽然在场上的意识不错，但是身高不高，又是半路出家，再加上每次选人时她都迫切希望被选中，导致上场之后表现得很紧张，平时训练水平发挥不出来。

她对自己在足球道路上的前途感到非常迷茫，于是就打算离开体校、放弃踢球。

有一天，她没有参加训练，找到自己的教练，对教练说："看来我真的不适合踢球，我想读书，想考大学。"当时教练也没有劝说她，只是默默地看着她。

女孩没想到的是，就在第二天，她收到了职业队的录取通知书，这让她激动不已，她骨子里还是喜欢足球的。

女孩捧着录取通知书高兴地跑去找教练，教练跟她一样高兴："孩子，以前我总说下一次就是你，其实都是安慰你的，我是不想打击你的自信心，希望你一直努力下去啊！"女孩听完之后一下子全都明白了。

进入职业队之后，她受到了良好的、系统的实战训练，很快就脱颖而出！这个女孩就是和美国足球老将阿克斯同享"世界足球小姐"殊荣的著名女子足球运动员孙雯。

每当孙雯讲述这段往事的时候，总会感慨地说："一个人在人生低谷中徘徊，感觉自己支持不下去的时候，其实就是黎明的前夜，只要你坚持一下，再坚持一下，前面肯定是一道亮丽的彩虹。"

　　"下一次就是你"，这不仅仅是给了希望，也表明可能还存在着不足，仍需努力付出。在前进的路上，遇到不好的环境的时候，一定要告诉自己：坚持一下，再坚持一下。

没有不合适的工作，只有不努力的人

悦 读

不管是做什么的，即使是捡破烂的，

如果每天不努力地翻，也是没有收获的。

就好比有一座金山在身旁，如果不去挖，那它就只是一堆石头而已。

    在这社会中，没有什么合不合适，只有自己努不努力。职场上也是一样，没有不合适的工作，只有不努力的人。

    1963年，年仅18岁的汤姆·霍普金斯得到了他人生的第一个销售岗位——美国某房地产公司销售。不幸的是，他的第一份工作一点儿成绩也没有。半年的时间，他遭受了无数次的碰壁、拒绝、冷眼……以致连正常生活都难以为继的地步。重重困难面前，他用自己的方式一次次排解着失败的压力。

    霍普金斯性格乐观，他认为自己只是没有找到成功的方法。面对失败，他不气馁，而是一次又一次地尝试着。

别人出去跑业务都开着汽车，他只能骑一辆破旧的摩托车，这让很多客户看不起他。为了博得客户的好感，他狠下心来买了辆破旧得如同一堆废铁的汽车。副驾驶座上凸出的弹簧总会扎到客户，这让他感到非常尴尬，尽管他非常幽默地跟人家说："你买了房子，我才让你离开车。"但也没能留住客户。

有一天，霍普金斯接到一个电话。一位女士在电话中告诉他：她需要买一套房子，预算是20万美元。霍普金斯非常高兴，他几乎不敢相信这是真的，他太需要这样一单业务了。

他兴奋得一晚上没有睡着觉。第二天一早，他就开着破旧的汽车，寻找符合条件的房子。他几乎跑遍全城，终于找到一套700多平方米带私人泳池和花园的房子，这房子完全符合那位女士的要求。

霍普金斯非常激动，回到办公室就立刻给那位女士打电话。约好见面时间后，他就开始在心里默默计算自己能拿到的佣金数额。下午2点，那位女士如约而至，是一位非常有钱的阔太太，手上戴的戒指镶了一块很大的钻石，霍普金斯从未见过如此美丽的女士。

霍普金斯开着自己破旧的汽车，载着这位女士去看房子。然而在路上，车子抛锚了。出现这样的意外，完全是因为这辆破车在生产的时候根本就没有装汽油表，车里剩多少油都不知道。总不能让客户跟自己步行去看房吧，无奈之下，他只好提着油桶去买汽油，而这位女士只能在这辆连窗户都打不开的破车里忍受着40多摄氏度的高温等待他。

他回来的时候，这位女士浑身上下都已经湿透了。万幸的是，他们最终还是来到了目的地。霍普金斯早已紧张得一句话也说不出来，这位女士向他询问房子的信息时，他都已经懵了。他稀里糊涂地走到落地窗前，拉开窗帘，指着外面的杉树林，想通过美丽的风景来缓和一下紧张的气氛，可是玻璃被擦得太干净了，这位女士居然一头撞到了大玻璃上。

一连串的意外让这位女士忍无可忍，而霍普金斯像傻子一样呆呆地站在那里。最后，这位女士示意可以走了，霍普金斯开着车把她送了回去。下车的时候，他都不敢看女士一眼。他原本是准备用房子成交后的佣金来支付房租的，还准备邀请很多同事办一场庆祝酒会，然而都成了泡影。

回到公司后，霍普金斯一句话也不说。同事来询问，他也只是无奈地挥挥手。他坐在自己的座位上，非常沮丧地抱着头，考虑是否还要从事这份工作。

就在这时，一位先生打来电话，问霍普金斯是不是向他太太推荐了房子，并表示想过来看看具体情况。霍普金斯大惊失色，他担心这位先生是过来找他算账的。他心惊胆战地告诉经理他坚决不能见这位先生，他担心这个人会杀了他。但是经理鼓励他继续去做，不要担心什么。

该面对的还是要面对的，霍普金斯硬着头皮，开着自己的破车，载着这对夫妇去看房。

20世纪60年代的美国，马车还经常在路上行驶，环境不是很好。霍普金斯和这对夫妇谈话的时候，一只大苍蝇在他们周围飞来飞去。这让霍普金斯更加担心：之前车子抛锚导致客户不满意，这次苍蝇又来捣乱。

这只可恶的苍蝇先是飞到那位先生的胳膊上，被轰走后又落在女士身上，霍普金斯紧张得不敢呼吸。为了不让这只苍蝇毁了自己的生意，当苍蝇飞到他面前的时候，霍普金斯做出一个令人惊叹的举动！他抓住苍蝇迅速扔进嘴里，一劳永逸地解决了问题。夫妇两人嘴巴张得大大的，像看外星人一样盯着他。结果不用多说，买卖又泡汤了。

这件事之后，霍普金斯真的有点儿绝望了，他想过放弃。可是冷静下来后一想，估计未来的道路上不会有比这更糟糕的事情了，既然有尴尬、沮丧、失落，那就一定会有收获和成功！后来的他回忆道："成功是不懈努力造就的。我连续三年都只是在圣诞节的时候休三天假，其他时候都是每天第一个到办公室，最晚离开。"

他在一次又一次的失败中前行，在一次又一次的绝望中巍然不倒，从未被打败过。美国房地产业不景气的时候，很多人都劝他放弃。可是他坚信情况越是糟糕，自己越能做得更好。

功夫不负有心人。十年后，霍普金斯已经成为世界上最能卖房子的人，被美国报刊称为"国际销售界的传奇冠军"。他在三年内赚到了3000多万美元，是吉尼斯世界纪录中地产业务员单年内销售最多房屋的保持者，平均每天卖一幢房子。

他还被称为"销售冠军的缔造者"，曾与美国前总统布什、英国前首相撒切尔夫人同台演讲。现场接受过他销售培训的学员超过500万人，他写的销售书籍被译成11种文字，是销售人员必读书籍。

有人问过他："你成功的秘诀是什么？"他回答道："每当我遇到挫折的时候，我都只有一个信念，那就是马上行动，坚持到底。成功者绝不放弃，放弃者绝不成功！我从来不把失败看成失败，它们只是我前进方向需要调整的一种反馈，是练习技巧和提高能力的一种机遇，是一场必须要赢的游戏。"

平凡终有时，追求无止境。

没熬过几个低潮期，怎么好意思谈人生

悦 读

今天很残酷，

明天更残酷，后天很美好，

但绝大部分人是死在明天的晚上。

    生活就好似浩瀚的大海，除了涨潮的快感，还有落潮的无奈；生活也好似一碗百味汤，酸甜苦辣尽在其中，百般滋味只有自己亲自品尝后才能体会；人生更是一场坎坷的旅程，有喜有悲，有起有落，不仅有成功后的喜悦，还有失败后的痛苦。

    人生短短几十年，一定要学会面对磨难，不要逃避不如意的事。命运之神将你抛入谷底的时候，就是你腾飞的最好时机。调整自己的心情，学会走出人生低谷，摆在你眼前的，会是一片晴天！

    众人皆知的三井集团与三菱集团都是日本名列前茅的大财团，两者之间的竞争非常激烈。在一次竞争中，三菱集团凭借"餐馆生产方式"几乎让三井集团遭受了灭顶之灾。三井集团被推到绝境，所有的产品都只能积压着，资金无法周转，要想再扩大生产是天方夜谭。

这对三井人来说是生命的低谷，不过三井集团还有一项鲜为人知的革新，在商议解救危机对策的高层会议上，许多人主张把新技术转让出去与三菱集团决一死战，并将现有的产品以低于三菱集团的价格贱卖，这样可以筹集一部分资金，获得喘息的机会。但是，三井董事长益田寿却力排众议，选择了继续坚持，他坚信胜利最终会属于自己。

当时的三菱集团竞争得胜，认为能和自己竞争的财团已经不复存在，开始变得不可一世，狂傲不已。这个时候，三井集团董事长益田寿宣布三井集团停业，大量裁减人员，只留下了原来的十分之一，同时还故意告知新闻界三井集团将要改变经营方向，甚至还透露一些消息说三菱集团将成为这个行业的龙头老大。

三菱集团不知是计，误以为三井集团已经垮台，自己已经获得了全面胜利，市场现在已经是由自己独家垄断，便大幅度提高产品的价格。然而，就在三菱集团得意忘形之际，三井公司新产品投产试验成功。大批新产品铺天盖地，迅速成为抢手货，而且价格还低于三菱集团的产品。短短一周的时间，三菱集团的产品全部滞销，只能承认在这次竞争中失败。

这次反败为胜不仅仅是因为三井董事长益田寿运用了攻其无备、麻痹对手的策略，更是因为他挺住了低谷的黑暗，熬过了这段艰难的时期。

能够像益田寿那样挺住的人并不是很多，但是这一点对于任何人来说都非常重要，那如何才能做到这一点呢？

一是把任何事情都想开一点。无论做什么都是为了生活，快乐是一天，不快乐也是一天。那为什么要让自己不快乐呢？事业已经进入了低谷，就别把心情也丢入低谷了。

二是做出积极的改变。改变就是最好的出路，如果非要形容低潮期的特点是什么，那无疑就是心灵的麻痹，甚至觉得自己不可能再有任何进展了，一辈子会在默默无闻中度过。这种消极的情绪会让人彻底放弃努力，这个时候，最重要的就是让自己行动起来，做出积极的改变，哪怕只是出去和朋友聊聊天。

三是懂得坚持、忍耐。一些方法在有的地方有效，但在其他地方不一定有效。如果没有好的方法应对，那就要学会忍耐，坚持到时来运转的时候。

说得明确一点，低谷每个人都会遇到，正是因为有低谷，所以才会有高峰。挺住低谷的黑暗，高峰的辉煌才是属于你的。

最艰难的日子，正是对你的考验

悦 读

你无须告诉每个人，那一个个艰难的日子是如何熬过来的，

但总有一天，你要向这个世界大声呐喊：我成功地走过了人生中灰暗的时光。

　　每个人都应该明白，我们要面对和思考的应该是现在和未来。已经过去的事，无论你怎样，也是改变不了的。不要沉浸于过去的成功，也不要陷入低谷中无法自拔。什么都有尽头，人不仅要学会自我安慰，更要学会忘记过去，好好地生活在当下，为自己的未来努力。最艰难的日子正是对你的考验，千万不要让它成为你的包袱，应该把苦难当作动力，一种能让你更加成熟的人生体验。

　　1921年，好莱坞电影公司买下了《水塔西侧》小说的电影版权，小说的作者霍墨·克罗伊得到的报酬堪称好莱坞之冠。丰厚的酬劳使得克罗伊一家过上了好日子，炎热的夏季他们到瑞士避暑，寒冷的冬季他们在法国逍遥，就像富翁一样。在巴黎的时候，克罗伊用6个月的时间完成了一部剧本，由威尔·罗杰斯主演，那是罗杰斯的第一部有声电影。电影公司邀请克罗伊留在好莱坞为罗杰斯再写几部剧本，可是克罗伊拒绝了。好日子过上了瘾，他不再甘心做一个小小的没有保障的编剧。克罗伊想做生意，和那些真正的有钱人一样，他想让自己的家人一直过富人的生活。他觉得自己是有潜能的，只是没有加以发展罢了，他觉得自己一定能成功。他听朋友讲过很多类似的故事，都是一些人先有一点小资本，然后借此起家，最后取得非凡的成功。

有一个叫约翰·雅各布·亚士特的人投资纽约空地赚了几百万美元，克罗伊知道后备受鼓舞，亚士特何许人也？他都能做到，我克罗伊一定也能。回到纽约后，克罗伊开始阅读有关方面的杂志，他对房地产买卖的了解不会比一个爱斯基摩人多，而且也没有那么多钱开始这项事业。最后，他把自己的房子抵押，买下一片空地，想等到有人出高价的时候售出。他天真地认为这样就可以过上奢侈的日子了，甚至还对那些在办公室任劳任怨干活领薪水的人充满同情，认为上天没有赐给那些人他这样的理财天分。

然而，大萧条像飓风一样席卷而来。他每个月得为那片地缴纳220美元，还得支付抵押贷款并维持全家温饱。他想为杂志写些幽默小品，可是下笔沉重，写出来的东西一点都不好笑。什么也卖不出去，小说也卖得很差。终于有一天，钱用完了，除了打字机及镶金的牙齿外，他们家再也没有什么可以变卖的东西。

没有钱，牛奶公司不再继续送牛奶，煤气公司也断了气，他们只能改用露营用的小瓦斯罐，它喷出火焰时夹带着"唰唰"的声音，像一只愤怒的鹅。他们没有煤用，壁炉是他们唯一的取暖工具，晚上他会到有钱人盖房子的工地去捡拾废弃的木板木条。

那段时间他的心情糟糕到了极点，经常担心得睡不着觉，常常半夜起来踱方步，把自己搞得很累再回去睡觉。最悲惨的一天，警察从前门进去，他们一家人从后门溜走，他们失去了生活18年的家园，一家人抱在一起痛哭流涕。

他觉得都是因为自己，不但损失了买下的土地，赔上了自己所有的心血，还害得房子被银行扣押，一家人只能流落街头。他非常自责，坐在行李箱上一动不动。可是当他看到母亲、妻子和孩子期盼的眼神时，他知道，自己没有退路。

在朋友的帮助下，他们总算弄到了一点钱租了个小公寓，在1933年圣诞搬了进去。克罗伊坐在行李箱上看着四周，耳边响起他妈妈常说的一句话："别为打翻的牛奶哭泣！"可是，这不只是牛奶，是他一生的心血啊！呆坐了一会，他告诉自己："我已经跌至谷底，情况不可能再坏了，只会逐渐转好。"

他把忧虑的时间及精力投在工作上，情况慢慢地一点点地改善了。他在一篇文章中曾经写道："我现在要感谢我有机会经历那样的困境，因为我从中得到了力量与自信。我现在知道什么是跌到谷底，我也知道那并不能打垮人。我更清楚我们比自己想象的要坚强得多。现在，再有什么小困难、小麻烦，我都会想起自己对自己说过的那句话——'我已经跌至谷底，情况不可能再坏了，只会逐渐转好。'这点小事再也不会令我烦恼。"

人生路上，总会经历一些坎坷，当你感觉生活已经跌至谷底了，不必灰心，跌至谷底的那一刻就预示着下一刻的上扬。等待向上攀升的机会吧，别因暂时看不到希望就放弃，要知道，现在如果不坚持，下一秒就可能错过改变你现状的机会。

假如，让暴风雨来得更猛烈些

悦 读

真正的聪明人，会迎接风雨的洗礼，

让自己拥有更加坚强的意志。

一个能经得住风雨洗礼的人，更容易发现商机。

创业，从来都不会像童话故事那般美妙。成功的背后，总是会经历很多。"阳光总在风雨后"，是一句滥俗的话，也是一句实在话。经历过苦难，才会学会坚强；经历过风雨，才会迎来彩虹。事业成功的人，大都经历过很多次失败。

张海迪的事迹，可谓是家喻户晓。而在南京的张雪萍，几乎跟张海迪如出一辙，很多人都称她为"南京的张海迪"。

张雪萍自幼双腿瘫痪，而今天的她，已经战胜了残疾，成了一家公司的老板，还为30多名残疾人提供了就业岗位。有几个人能创造这样的奇迹呢？在遇到困难时，张雪萍从没有想过逃避，而是想要战胜它。所以，她才有了今天的一切。

张雪萍出生的时候，与其他孩子并没有什么不同。可是，在一场高烧后，她突然下不了床，最终被医生确诊为小儿麻痹症。张雪萍的父母一直坚持带女儿四处求医，但是没有很好的效果，张雪萍只能靠双拐才能走路。

张雪萍很伤心，但是她没有放弃，而是要跨越这个困难。于是她下定决心，一定要让自己能真正地"走"起来。

张雪萍在医院接受手术治疗腿疾的4年时间，不知道做了多少次手术。最终手术成功了，张雪萍终于能真正地走起路来了。可是，因为对双腿的骨骼做了大面积的改造，她每迈一步都感觉钻心地疼。但是，她并没有放弃，一直坚持锻炼。终于，她可以真正地走路了。虽然不能像正常人那样健步如飞，不过张雪萍已经很满足了。

张雪萍的创业故事要从帮父亲卖布说起。当时，她父亲进的布有的不好卖，张雪萍就拿回去裁裁剪剪，给自己做衣服。没想到，她一穿到店里，便有很多顾客围过来，问她衣服是在哪儿买的。她说，是用店里的布自己做的。顾客纷纷买下她的布，请她照着那个样子做，很快，积压的布就卖出去了。

张雪萍发现了里面的商机，她凭借自己设计方面的天赋，注册了自己的第一家公司——圣梓龙实业有限公司，生产销售自己设计的服装。

创业初期，张雪萍为了节省资金，在自己去挑选面料时，都不舍得花几十元找家小旅馆歇歇脚。路上因担心上厕所的麻烦，连水都很少喝。

她面临的困难如此之多，但是，她始终没有想过要逃避。最终，张雪萍凭借自己的努力，终于有所成就。

在她的企业中，有一群优秀的MBA管理人才，吸引这些优秀人才的，正是张雪萍勇于克服困难的精神。

虽然是个残疾人，但她身残志坚，坚韧不拔。她积极面对人生中的风雨，扬长避短，用自己的努力证明，自己并不比别人差。

天有不测风云，人有旦夕祸福。人生总有风雨，有的人成功了，是因为他们面对风雨时从不退缩，风雨让他们更加坚强；而有的人，面对风雨，就开始退缩，停滞不前，甚至放弃自己的事业。

创办阿里巴巴公司的马云曾经说过："最大的失败就是放弃。"马云在创业初期，不管风雨多大，都能站立起来。他一直不放弃，最终创造了阿里巴巴集团的辉煌。

今天，世界上仍然有很多人，在遇到风雨时容易一蹶不振。要知道，不管你做什么事都会有挫折，一遇到挫折就萎靡不振，如果放弃，那么唯一的结果就是失败。

面对人生风雨，要学会不怨天尤人，坚持认真做好自己的事情。不苛求面对风雨的时候，达到苏东坡"回首向来萧瑟处，归去，也无风雨也无晴"的境界，至少也得像高尔基的海燕一样面对风雨，有勇气高喊"让暴风雨来得更猛烈些吧"。

在创业的道路上，风雨随时可能袭来。如果只会怨天尤人、悲观失望，将会永远处于逆境。真正的聪明人，从来都会迎接风雨的洗礼，让自己拥有更加坚强的意志。

做一个让人羡慕的职场强者

悦 读

平静的湖面，练不出精悍的水手；

安逸的环境，造就不出时代的伟人。

初涉职场，一切都感觉那么陌生。对职场新人来说，经历职场风雨的洗礼，比那些中规中矩的学习更为有效。在职场上遭遇一些失败与痛苦，并不是什么坏事，你要相信，只有在风雨中接受洗礼，才会历练出优秀的水手！

初入职场都有个从稚嫩的学生向潇洒自信的职场人转变的过程，这个过程对每个年轻人来说，都是一场挑战。在新环境中，磕磕碰碰在所难免。如何在全新的职场环境中恰当地表现出自己的自信与实力，迈出职场成功的第一步，是尤为重要的。

初涉职场，不必因不懂的东西产生挫败感，进而觉得痛苦和失望。我们需要将其看作是一场风雨，风雨终究会过去，我们必将会成长。一步一个脚印，去践行梦想。但光有不切实际的空想是不行的，我们还需要有务实的想法和思路。天马行空只能耽误我们的脚步，只有脚踏实地客观公正地去思考、去求索，才能明确前进的方向，扬起风帆，搏击风浪，去寻找对人生和事业的追求。一句话：要做强者，就要做不惧怕风雨的坚强的水手！

生活的历练可以造就人，也可以摧毁一个又一个有志青年！因为，很多人在生活给予他的失败和痛苦中倒下了，希望破灭，心灵受到摧残和打击。生活的历练催生了一批又一批安于现状的庸人。他们颓废、不思进取。但是，不得不承认，也有许多历经沉浮的人才，仍然像璀璨的明珠一样闪光，将失败和痛苦踩在脚下，他们成功了，他们就是在这竞争时代中冉冉升起的新星。

勇于和风雨斗争，是积极向上的心志，也是自我实现的重要方法。

大学毕业后，罗青几次都与就业机会失之交臂。这天，他按照报纸上的信息，去了一家用人公司求职，公司原定招聘8名员工，没想到前去报名的却有好几百人。当罗青填好表格，耐心列队等候公司领导面试时，一位员工过来对他们说："我们老总还有一个小时才会来这里，现在我有点急事想请求大家帮忙。我们到了几车水泥，眼看就要下雨了，短时间内又找不到搬运工，我想请你们帮忙卸这些水泥，可以吗？"大家看他是这家公司的人，觉得帮忙卸水泥也无可厚非。可是，有人却说："卸水泥属于工人的工作，我们凭什么替他卖苦力。"如此一来，一大半人都站立不动，而罗青与另一小部分人走出队伍，主动帮忙去卸水泥了。

等到水泥卸了一半多，那人又说道："对不住诸位，我们老总刚才打来电话，他说今天到不了了，真是非常抱歉。"这些正帮忙卸水泥的人一听这话，顿时沉不住气了，有人说："这不是故意捉弄我们吗？不干了！"也有人说："我们又不是他们公司的正式员工，让我们义务劳动，哪有这样的道理！"呼啦啦一下子又离开了一大半。罗青等少数人却一直坚持到把水泥全部卸完。

当他们在水龙头下用手捧着水洗脸的时候，刚才那个邀请他们卸水泥的人笑眯眯地对他们说道："恭喜你们，刚才是我安排的一场别出心裁的测试，你们几个全部合格了，从现在起，你们几个就是我们公司的正式员工了。"他们这才反应过来，原来这位扮相普通的"员工"才是老板。

职场风云变幻，但从一些小事就可以看出一个员工是否符合企业的要求标准。用心良苦的老板设计出一场"搬水泥"的好戏，在考验中，罗青他们用自己的本真品格赢得了胜利，获取了职位。

人们都不希望职场或者人生的经历坎坷，但如果一个人仅仅是为了生活存活于世界上，那么这个人的一生都是可悲的。人活着，就应该拥有自己的理想和志向，更需要为了理想而努力奋斗，不能因为暂时的失败和痛苦就丧失斗争的精神，即使风雨再大，也要勇敢地前行。只有这样才可以做一切自己想做的事。

为此，很多有志之士甘心接受风雨的打击，并且最终取得了成功。

我们每个人都拥有自己辽阔而美丽的蓝天，也都拥有一双为蓝天作准备的翅膀，它们代表着激情、意志、勇气和希望。但翅膀也会折断，在那种情况下，我们能够忍受住剧痛，继续在蓝天飞翔吗？

相信每一个职场中的人，都经历过职场低谷。该怎么面对呢？遇到职场低谷的时候，别慌，先淡定下来，找回最初的动力，并默默努力，同时告诉自己，要相信自己，一定能行的。

不努力，哪有资格说自己条件不好

悦 读

工作是等不来的，有没有机会，看你怎么争取；

业绩是要不来的，有没有成效，看你怎么努力；

前途是盼不来的，有没有出路，看你怎么奋斗。

从表面上看，机遇是偶然性的，难以预测，难以捕捉，神秘莫测。可是从深层次看，它又是无时不在、无处不在的，只要你的先天条件和后天努力到位，机遇自然而然地就会降临到你的头上。

人总是会遇到成功与失败这两个大问题，其实，人生道路在某种程度上可以说就是由成功和失败组成的。

有个成语叫"天道酬勤"，一切都要看你是不是尽心尽力了，有没有全心全意投入。只要你愿意努力，那么生活就会给你带来良好的机遇。

佐川清出生于一个颇有名望的富裕家庭里，他在父母的宠爱中度过了快乐的童年时代。但不幸的是，他母亲在他8岁那年因病去世了，从此，那种无忧无虑的生活结束了。

佐川清的继母对他非常不好，中学还没毕业，他就赌气离家出走，到外面自谋生路。因为年纪还小，佐川清想找到一份工作是很不容易的。为了生存，他在一家快递公司当了脚夫。

那个年代，一般的快递公司是没有运输工具的，运输主要靠的就是步行，对人的体力要求很高，特别是运送重物更是非常辛苦，可是佐川清一干就是20年。

佐川清35岁的时候，不想再给别人打工了，想有一份属于自己的事业。他对其他行业也不懂，于是就在京都创办了"佐川捷运公司"。

刚开始的时候，公司就他一个人。他的妻子有时候也会来帮他一下，算得上是半个兼职员工。

当时佐川清确立的业务范围在京都和大阪之间，做供应商和代销商的快递生意。可是让佐川清没有想到的是，公司开业很长一段时间都没有拉到生意。主要是因为他的公司没有什么知名度，客户对他公司的能力缺乏信心，而且他自己也有资金问题，没有资产可以抵押，信用不容易树立起来。但是佐川清毫不气馁，依旧坚持每天往客户家里跑，一次不成就再去一次，极力在客户面前表明自己的诚意。

就这样又过了半个月的时间，有一天，佐川清再次去拜访大阪"千田商会"，老板见他来了好几次，觉得他是一个做事认真的人，于是就请他坐下来聊一聊。

当这位老板知道了佐川清的经历之后，很是感动。他万万没有想到，一个富家子弟居然能靠卖苦力谋生。于是，这位老板委托他将十架莱卡牌相机送到一家照相机店。这种相机的价格非常昂贵，一架相机可以抵佐川清一个半月的收入。可以说，佐川清成立公司以来接到的这第一单生意，就是笔大生意。

他像护送稀世珍宝一样小心地护送，不敢有半点疏忽，最终圆满完成任务。那位老板非常满意，给自己的朋友大力推荐佐川清，后来人们对佐川清的看法大为改观。

之后不久，佐川清又接到一单生意，大阪"光洋轴承"委托他运送一批轴承。一般没人愿意搬运这种超级重的物品，但佐川清非常高兴地接下了这笔业务。

每个轴承重达50公斤，佐川清背上背3个，胸前又挂2个，身负250公斤，每天要往来于大阪和京都之间7次。

但是佐川清坚持了下来，他吃苦耐劳的精神深深感动了光洋轴承的老板，从此之后，光洋轴承公司所有的快递业务都交给佐川清做。

通过这两单生意，其他人对佐川清有了进一步了解，都觉得他是一个值得信赖的人，也慢慢地开始将业务交给他做。

凭着自己的吃苦耐劳与正直诚信，佐川清成功地打开了局面，承接的生意越来越多。最终，佐川捷运公司发展成一家拥有万辆卡车、数百家店铺，并且拥有电脑中心控制和现代化流水作业的货运集团公司，垄断了日本的货运业，并且将生意做到国外，年营业额逾三千亿日元。

美国著名作家罗威尔说过："人世中不幸的事如同一把刀，它可以为我们所用，也可以把我们割伤。那要看你握住的是刀刃还是刀柄。"

无数的成功事例证明，机遇不是从天上掉下来的，更不是等来的，需要去努力争取，也只有这样，才能够获得机遇。如果都不努力争取，哪有资格说自己条件不好！

Chapter

02

第二章
审时：把心机用在对的时机上

成功，除了要有心机外，更重要的是要把这种心机用在对的
时机上。在面对重要抉择的时候，乃至人生中的每一个紧要
关头，都能沉着冷静地运用智慧去解决，这才难得。

眼睛看到的是现象，用心看到的才是商机

悦 读

跟风的人永远都是看别人吃肉，自己喝汤，

有时甚至汤都喝不上。

商机用眼睛是看不到的，眼睛看到的只是现象。

　　不少人总认为跑得越远，商机就越多。然而，现实是，有心人处处都能发现商机。只要睁开双眼，细心观察，就会发现身边就有很多商机。

　　李诗山出生于商人辈出的泉州，2007年，他从福州大学经济管理学院国际贸易系毕业。毕业前几天，他拿出50万元创立了福州宏飞校园传媒有限公司，成为福建省第一个获得YBC(中国青年创业国际计划)创业扶持的在校大学生。李诗山敏锐地抓住了身边的商机，依靠做校园餐桌上的广告，他的公司在两年时间里创造了200万元的营业额。

　　李诗山对企业家的心理极其了解，并拥有一定的广告从业经验，他认为学校

食堂的餐桌是非常难得的广告发布载体，学生想不看都难。2006年11月，酝酿了很长时间的他向YBC递交了一份详细的创业计划书并申请到了创业资金。

因为李诗山对闽南地区非常熟悉，所以他决定首先开拓闽南市场。很快，大多数闽南高校皆被收入他的"势力范围"。

李诗山制订了非常细致的发布计划，以50个餐桌为最低门槛。广告内容一月更换一次，学校越好，价格就越贵。他说一般花一万五到两万元，就可以在50个餐桌上做一个月广告。

大学生具备很强的消费能力，是商家们拼命争夺的潜在客户，所以饮料、食品、IT产品、培训以及通信产品等行业，成为李诗山公司的重要客户。他对学生的消费心理与消费习惯非常熟悉，餐桌广告的价格也远远低于传统媒体的价格，与客户沟通的时候，常常很快就能达成一致。

除了负责餐桌广告，他还策划了一些品牌的推广活动，受到众多大学生的欢迎。

据了解，福建全省超过一半的高校食堂餐桌上贴上了他的广告。2008年年底，公司广告业务量突破100万。而2009年，只用了半年的时间，广告业务量就突破了100万。

李诗山从一个普通大学毕业生发展为成功的小老板，就是因为他抓住了身边存在的商机。所谓商机，需要人用心去发现，用心去查看。很多人对自己身边闪光的东西视而不见，在寻找商机的时候，总会舍近求远。

有人抱怨别人顺风顺水，心想事成，做什么成什么，而自己却如此困窘，得不到垂青。事实上，是你没有擦亮眼睛。所以我们应该意识到这个问题，多观察自己身边的生活，用心体验，就会发现身边也有很多商机。

用心，就能发现生意、找到商机

悦 读

要善于发现问题并从中窥察出潜在的机遇，

抓住机遇，然后努力。

每个创业的人都会遇到各种各样的问题，有问题就必然需要解决，有需要就必然能带来机遇。及时地去发现问题，并想方设法去解决问题，往往能捕捉到成功的机遇。

2009年，踌躇满志的西安姑娘何咏仪大学毕业回到家乡，本想尽快找到一份如意的工作大干一番，但是一眨眼三个月过去了，却没找到合适的工作，又不好意思再向父母张口求援，怎么办呢？只好省吃俭用维持生活。一次她去吃快餐，闲聊中发现快餐店老板是个热心人，就把自己的境遇告诉了他，快餐店老板答应如果有合适她的工作一定帮忙联系。

几天后，何咏仪的工作还是没有着落，眼看连吃饭的钱都没有了，无奈之下，她拨通了快餐店老板的电话号码，怯怯地问："我可以在您的快餐店工作吗？"

"随时欢迎你的到来。"快餐店老板这么回答她。

何咏仪迫不及待地去了快餐店工作，尽管她心里总感觉不好意思，尤其怕遇到熟人，但还是克服了自己的虚荣心，不断告诫自己：工作没有高低贵贱之分，干一行爱一行才对。

一次，何咏仪在给一些写字楼的白领送快餐时，听到白领们纷纷发牢骚说快餐花样太单调，没特色，他们都吃腻了，如果再不改进，他们就要另外订餐。

从那座写字楼送餐出来后，何咏仪看见另一家快餐店的女孩在快餐车边默默地抹眼泪，她走过去很关切地询问原因。原来，她被客户骂了，客户一再嘱咐不要放辣椒，结果饭里还是有辣椒……女孩感觉很委屈，她每次回店里转达客户的意见，老板都置之不理，还怨这些人难伺候，说不能因为少数人就改变自家店的做饭风味，如果再挑三拣四的以后就不给他们送快餐了。

何咏仪眼前一亮，这不是一个绝好的商机吗？大部分快餐店花样单一，久吃生厌。众口难调是公认的事实，但为什么不能开展一项针对不同口味提供不同饭菜的业务呢？让顾客按需索求。

何咏仪就开始留心收集顾客不同需求的信息，她抓住每次送快餐的机会，详细记下对方的联系方式、口味爱好和个人禁忌。为了尽快收集到更多、更充足的信息，她还会向其他同行了解情况，并一一做好笔记。

临近春节时，何咏仪所在的快餐店放假，她有了更多做市场调查的时间。何咏仪不愿待在温暖的房间里虚度时光，她冒着凛冽的北风，不畏严寒，到所在区域的各家快餐店深入调查，用冻得红肿的几乎不听使唤的手记录下快餐店的名称、联系方式、餐饮风格和快餐价位，做成一个小手册。

经过长时间的考察，一种全新的快餐运作模式在何咏仪心里酝酿成熟。她要做一个快餐中转站，到各个快餐店收集各种风味的快餐，按照不同需求提供给消费者，从中赚取差价。这样既帮快餐店拓宽了业务，又让消费者有了更多的选择；既满足了消费者的需求，又减少了快餐店的工作量。

何咏仪是个做事干净利索、从不拖泥带水的人。认准了的事情，一旦考虑好了，就会马上去做。再加上春节期间很多快餐店放假，需求旺盛，机遇难得，何咏仪便立刻找了一间小门面房，雇了两个帮手。接着，她就打电话给各个写字楼，寻找业务，为她的快餐中转站做好了一切必要的前期准备。很快，便拿到了不少订单。何咏仪根据订单的要求，到相应的快餐店取货，并到饭馆预订了一些特色菜作为配置。开业当天，除去各项开支，50份快餐赚取了150元，她淘到了人生中的第一桶金。

初战告捷，何咏仪信心倍增。她尝试着把业务扩大，以便赚取更多的利润。

春节过后，快餐店大都开了门，何咏仪深感竞争日益激烈，就干脆直接备齐各类快餐，亲自上门推销。面对质疑的目光，她从容地说："我能够及时送餐，可以满足你们的各种口味，并且保证营养。另外，还能经常变换花样。"

起初，不少公司是抱着试试看的态度接受她的。一段时间下来，感觉果然不错，就纷纷取消原来的订餐，开始在何咏仪这里长期预订。很快，何咏仪赚取了一笔可观的利润。

之后，何咏仪主动出击，到更多的公司联系送餐业务。她还想出各种花招，吸引更多的消费者。随着业务的不断扩大，原来的两名员工已经不够用，她就又找来两名。她一边到各个写字楼发放调查问卷，统计白领们爱吃的饭菜和对现在快餐的满意度，一边寻找更多风味十足又卫生便宜的小饭馆。另外，她还根据自己的调查结果设计新菜单，交给那些已经与她建立起业务联系的小饭馆去做。

何咏仪的辛勤工作得到广大消费者的接受和认可。一年后，何咏仪每月外送的快餐盒饭已经多达几千盒。三年后，年利润竟突破100万元，20平方米的小店面也升级为赫赫有名的"西安柒彩虹餐饮有限公司"，成为西安市第一快餐中介。

赢得客户是赢得市场的必要前提，关心客户迫切需要解决的问题并想办法解决这种问题，就是一个寻求成功机遇的过程。

何咏仪的成功就是一个很好的例子，对创业者来说，放平心态，做生活的有心人是至关重要的。

学会寻"隙"，更要适时"插针"

不论干什么事，
错过有利的时机很可能会前功尽弃。

　　机遇无处不在，不要抱怨没有机遇，要想想自己为什么抓不住机遇，究竟该
怎么抓住机遇？

　　不妨用"见缝插针"的方法试一试，"见缝插针"的实质就是要善于发现机
遇并抓住时机，竭尽所能采取措施实现自己的计划，达到预期的目的。

　　美国著名企业家阿曼德·哈默就是一个很好的例子。

　　哈默是三个兄弟中最顽皮的，也是最有头脑的，他父亲很欣赏他。

　　16岁那年，哈默从在药店售货的哥哥那里借来185美元，买了他看中的一辆拍
卖的双座敞篷旧车，并用它来为一家商店运送糖果。半个月时间，哈默就如数还清

了从哥哥那里借来的钱。

当然，这和他日后所取得的成就相比根本不值一提，但他善于捕捉机遇的才能已经显现出来。

1921年8月，年仅23岁的哈默风尘仆仆地抵达莫斯科，在苏联进行耐心细致的考察，他发现这个国家地大物博、资源丰富，但是人们却不能丰衣足食，为什么不开采矿产来换取自己所需要的东西呢？哈默想方设法直接见到了列宁，并表达了自己想在这里采矿的想法，没想到竟很快得到了列宁肯定的答复。于是，哈默便取得了西伯利亚地区石棉矿的开采权，打破了外国人在苏联没有矿山开采权的局面。美苏之间的易货贸易也从此展开，三十多家美国公司通过哈默在莫斯科建立的美国联合公司同苏联做生意。

哈默是个具有敏锐观察力和分析能力的人，一次偶然的机会，他又在苏联开办了铅笔厂。

有一天，哈默去一家文具店买铅笔，他发现，同样的一支铅笔在美国仅卖3美分，在这里的售价几乎是在美国的9倍，且是德国货，存货还有限。他立刻拿着铅笔去见苏联当时主抓工业的克拉辛，站在对方的立场上，分析市场需求，并请求取得生产铅笔的执照，克拉辛爽快地答应了。哈默立刻着手办理，从国外高薪聘请技术人员，引进先进机器设备，很快便在莫斯科建立了铅笔厂。

到1926年，他生产的铅笔不仅满足了苏联全国的需要，还和土耳其、英国、中国等十几个国家都建立了出口贸易业务，他从中获得了百万美元以上的利润。

第二次世界大战期间，哈默独具慧眼，看到美国人民的生活水平正在逐步提高，优质牛肉的需求量越来越大，他又"见缝插针"，迅速筹资开办了养牛场，就建在自己的庄园"幻影岛"上。为了保证牛肉的质量，他不惜以10万美元的高价买下了当时最好的一头公牛"埃里克王子"。"埃里克王子"也不负众望，为哈默赚了几百万美元，哈默也成为牧场行业公认的领袖人物。

1956年，哈默接管了加利福尼亚的西方石油公司，当时它已濒临倒闭。从事石油业的风险很大，究竟在哪里才能找到石油和天然气？很多人都不理解哈默，然而哈默热衷于石油开发事业的热情没有丝毫减退。他似乎有自己独到的看法，专门到别人不看好的地方找油。

曾有一家石油公司，在旧金山以东的河谷里用钻头一直钻到5600英尺寻找天然气，结果徒劳无功，这家公司的决策者担心陷进去，便匆匆收兵，并宣称这里没有开发价值。

哈默得知这一消息后，立即召来专家研讨，经过大量的数据分析和实地考察，他认为成功的概率远大于风险系数，立刻带领全班人马赶赴那里，在被判了"死刑"的枯井上又架起了钻机，继续深探了30英尺，天然气便喷薄而出。

后来，哈默又带领大队人马开往非洲的利比亚，向利比亚政府提供了优厚的投资条件，租借了享有盛名的埃索石油公司和壳牌石油公司抛弃的有不少废井的两块地，很快又打出九口自喷油井。

经过二十多年的努力，哈默的西方石油公司发展为一个业务遍及世界的多种经营的跨国公司，他本人也成为享誉全球的企业巨头。

"见缝插针"的关键在于捕捉"缝"，也就是抓住机遇。机遇常常潜伏在平凡现象的背后，只有精明的人才能透过现象，看到本质，抓住被人们忽略的潜在机遇。"见缝插针"的实施和运用，离不开探求机遇的敏锐眼光和快捷的行动。

世上的巧遇很多，看你懂不懂得把握

悦 读

别放过任何一次交朋友的机会，

交对自己有帮助的朋友，善待身边的每一个人。

我们虽不求回报，但是谁也阻挡不住某一天到来的回报！

　　生活处处皆机遇，偶然发现的一个现象，瞬间产生的一个念头，偶尔遇到的一个人，都可能成为改变现状的一次机遇。所以面对周围的人，一定不要厚此薄彼，要友好地对待每一个人，说不定哪一天，这些人会给你想不到的帮助。

　　皮尔·卡丹很小的时候就随母亲过着漂泊不定的生活，定居在法国的冈诺市。为了谋生，他14岁时就到一家红十字会做工，凭着自己的勤奋和聪慧，当上了一名小会计。这段日子里，他学会了一些经济领域的专业知识，如成本核算、经济管理等。皮尔·卡丹是一个不甘落后的人，他拥有强烈的与逆境抗争的能力。他发现自己对裁剪备感兴趣，为了做自己最感兴趣的工作，三年后，皮尔·卡丹辞掉了自己的工作，到一家服装店当了学徒。功夫不负有心人，没几年时间，他就成了裁剪高手，但他并不满足，他希望成为一名全能的裁缝师。

皮尔·卡丹不断地拜师学艺，与同行互相磋商学习，虚心学习他人的长处和优点，及时地弥补自己的缺陷与不足，很快他就实现了自己的愿望，成了一名有一定技术实力的裁缝师。美中不足的是，他没有名气，他为此费尽周折，到处寻找各种机遇，希望自己的人生能出现一个大的转机。可是总是没有这样的机遇，他为此很烦恼。

1945年5月的一天晚上，为了解除心中的烦闷，他独自在郊外的一个小酒吧里喝闷酒。这时，一位老伯爵夫人微笑着向他走来，说是皮尔·卡丹身上穿的那套引人注目的衣服把她吸引过来的。当她得知这身做工精致、新潮时尚的衣服是皮尔·卡丹自己设计制作的时候，不由自主地赞叹道："天才的年轻人，你一定是上帝安排的。"

皮尔·卡丹和这位伯爵夫人攀谈起来。原来，这位出身巴黎上流社会的老夫人年轻时就很注重穿着打扮，和一些著名的服装设计大师及时装店老板交往甚密，巴黎著名的帕坎女式时装店经理就是她的好朋友，他们保持着频繁的来往。伯爵夫人表示，如果皮尔·卡丹愿意，她很乐意把他推荐过去。这个消息立刻令皮尔·卡丹兴奋不已，这是他求之不得的机遇。他从伯爵夫人那里要来帕坎女式时装店经理的姓名和住址，准备尽快奔赴那里。他暗自发誓，既然获得了机遇，就要抓牢它。细心的伯爵夫人为保万无一失，还为皮尔·卡丹写了一封介绍信，这让皮尔·卡丹很是感激。

帕坎女式时装店时常为巴黎的一些大剧院缝制戏装，技术要求很高、把关也很严，因此在招聘缝纫师方面，条件特别苛刻。当皮尔·卡丹带着伯爵夫人的介绍信找到这家时装店时，经理亲自接待了他，并对他进行了严格的面试。皮尔·卡丹的缝纫技术远远超过经理的想象，经理又惊又喜，毫不犹豫地高薪雇用了皮尔·卡丹。皮尔·卡丹在这里如鱼得水，潜心钻研，手艺更加精湛，得到了一些名门巨贾的认可。

1950年，皮尔·卡丹在朋友的鼓励下，用全部的积蓄开办了一家戏剧服装公司，这在当时的巴黎是绝无仅有的，它为日后"卡丹帝国"的崛起奠定了基础。皮尔·卡丹用自己名字的第一个字母"P"作为独立经营服装的牌子，刚开始的时候，虽然服装的款式很新颖，但是没能引起众人的注意，生意十分冷清。但皮尔·卡丹没有因此停下前进的脚步，他更加执着于提高业务素质，希望在设计和销路上打开突破口。终于，经过皮尔·卡丹的不懈努力，生意有了明显的好转，一向爱挑剔的巴黎人也渐渐喜爱上了"P"牌服装。

皮尔·卡丹不断标新立异，探索进取，经过十多年的艰苦创业，他设计的"P"牌服装终于畅销世界，成为现代时装的超级名牌，以"高尚、优雅、大方"备受人们青睐。皮尔·卡丹也连续三次荣获法国时装界最高奖——金顶针奖。

如今，皮尔·卡丹拥有十多亿美元的资产，不但在法国有上百家分店，在世界上近百个国家都有分店，从设计加工到出厂销售的庞大体系构成了令世人仰慕的"卡丹帝国"。

皮尔·卡丹之所以能有如此大的成就，当然离不开他自身的聪明、勤奋、技艺精湛和锐意创新……但是，单凭他个人的能力，他能走得如此顺畅吗？

答案是肯定的还是否定的，暂且不讨论。他的自我实现之路中如果没有那位偶遇的伯爵夫人，凭他当时的名气，很难结识到帕坎女式时装店的经理，他的事业之路就不会如此通畅了。

所以，不要忽视身边的每一个人，改变人生的机遇或许就在他们之中。

要想出头，就不要强出头

悦 读

做事情要讲求时机，在自身能力不足或时机尚未成熟之前，

万万不可贸然行动，

要明白"一着不慎，满盘皆输"的道理。

　　巴尔扎克曾经说过："人类所有的力量，只是耐心加上时间的混合。所谓强者，既有意志，又能等待时机。"那些在时机成熟之前隐忍的人，并不是懦夫，而是真正的强者。一个人想成就一番事业、出人头地，这是无可厚非的，但要知道一点：要想出头，就不要强出头。

　　这里所说的"强"有两方面的意思。其一是指"勉强"，自己的能力还不够就勉强去做某些事。俗话说，失败是成功之母。这句话没错，但若是非要去挑战超越自身能力的事情，那就是不自量力。其二是指"强行"，虽然自身有足够的能力，但是客观环境尚不成熟，这时候出头也不是好事。大环境的条件如果不合适，那就要花费很大的力气。如果周围人对自己的支持程度不够，想要强行做某件事，那就很容易遭到排挤和打压，甚至与人结怨。

因此，当客观环境对自己不利，当自己身处弱势的时候，一定要忍耐，潜心修炼，待时机成熟后再一展身手。这样不仅可以保护自己，也能提高成功的概率。

东汉元和年间，有一位商人的女儿名叫谢小娥。小娥8岁的时候，母亲就过世了，一直与父亲相依为命。后来，她的父亲将她许配给历阳段氏。

一次，小娥与父亲、丈夫一同外出经商，不料途中遭遇了强盗，他们的商船被劫，父亲与丈夫也被杀害。小娥被强盗打晕后丢进了河，幸好被好心人救起，寄居在尼姑庵中。不过，小娥并没有忘记为父亲和丈夫报仇。她千方百计地打听仇人的姓名，终于得知仇人是申兰和申春。她将仇人的名字用血写在内衣上，发誓要手刃仇人。她乔装打扮成男子，四处寻找仇人的下落。

一年后，谢小娥到了浔阳郡(今江西九江一带)，偶然间看到街上征用人的榜文，而贴征文的人恰好是仇人申兰。于是，小娥来到申府帮佣。她担心自己会一时冲动乱了大计，因此，她的言行举止都十分谨慎，把申兰侍奉得极其周到，并未让申兰对她起半点疑心。她一直侍奉申兰长达两年的时间，最终成了申兰的心腹，申府的钱财都经由她之手。外人看来，小娥这个仆人"风光无限"，实际上她经常在暗地里哭泣，恨不得马上杀了申兰。终于，她逮到了一个机会。

一天，申春带着美酒佳肴来拜会申兰，兄弟二人狂欢滥饮，喝得不省人事。一个醉倒在床上，一个在院子内晕晕乎乎。谢小娥悄悄潜进去，一剑结果了申兰，接着又将申春五花大绑，送交官府。

谢小娥是个柔弱的女子，如果她不懂得等待时机，暴露了自己的意图，势必会遭到申兰和申春的杀害。人都是有弱点的，弱点总会暴露出来，谢小娥非常清楚这一点，她用两年多的隐忍换来了手刃仇人的机会。

当时机尚未成熟时，不要勉强去做某件事。要懂得见机行事，在自己的力量尚未达到可以实现自己的目标时，为了避免别人的干扰和阻挠，可以退却忍让。

忍耐与等待是强者的必备素质。很多事情都毁在一时冲动上，并不是说不能忍的人命运不好，而是在变幻莫测的世界里，人生那关键的几步根本经不起折腾。

创业也是一样，不可强出头，这样不仅可以降低损失，还可以与旁人维持和谐的关系。通过冷静的观察，把握环境的命脉，待时机成熟后，出头也就指日可待了。

没有"东风"借"东风"，该出手时绝不等

要做到静不露机，

冷静沉着，在暗中观察、谋划，静待最佳时机的到来。

一旦时机成熟，就要以迅雷不及掩耳之势直奔目标。

一旦发现机会，就要勇敢果断而又迅速地出手，不要犹豫。即便事情存在诸多阻碍，也要想办法解决，巧借"东风"，不要放过"抬头"的机会。

"忍一时风平浪静，退一步海阔天空。"有些事情不必太较真，但是，在一些特殊的时刻，绝不能一味地退让，也不要总是瞻前顾后。

不过，"出手"也要有计划，不可盲目。出手不能毫无节制，更不能急躁。如果发现环境有变化，或是判断失误出现不妙的情况时，后退一步。

春秋初年，郑武公去世后，太子继位，即郑庄公。由于庄公出生时脚先出来，母亲武姜受到惊吓，因此非常厌恶他，而偏爱他的弟弟共叔段。武姜曾经多次

向武公请求立共叔段为太子，但武公没有答应。武公去世，武姜和共叔段便试图夺权。武姜先是替共叔段请求分封到制邑去，因为制邑是军事要塞，庄公没有答应。随后，武姜又要求把共叔段分封到易守难攻的京城，庄公无奈之下只好应允。

共叔段一到京城，便开始加高加宽城墙。郑国大臣对此颇有意见，大夫祭仲说："对于都邑城墙的高度，先王都有规定。如今共叔段不遵守规定，您应当阻止他，以免酿成祸患。"庄公自然也明白这个道理，可他心里另有打算，他说："我母亲希望这样，我有什么办法呢？"

看到庄公没有采取任何措施，共叔段更加放肆。他下令让西部和北部的边陲守军听命于他，并私自占领了周围的城邑，这让郑国将士们愤愤不平。公子吕对庄公说："如果不及时制止他，军队就被他掌控了。"庄公并不着急，他只说了一句"多行不义必自毙"。共叔段见哥哥仍旧没有反应，便更加猖獗。他广积粮草，修治武器，扩充军队，并和母亲串通好准备攻打庄公的国都。这一举动让百姓义愤填膺，庄公知道共叔段起兵后说："时机到了！"

庄公派公子吕率兵攻打京城。共叔段没有防护的准备，只好撤退到鄢。庄公派大将打到鄢地，共叔段被迫逃亡。

郑庄公是个高明之人，遇事能忍善藏。母亲与兄弟串通一气制造麻烦时，他能够隐忍不发，甚至为其封地。共叔段贪欲不足，大修城邑，他也能克制隐忍，藏起自己的智慧和意图，甚至让胞弟认为自己懦弱无能。他是故意让共叔段这样，向世人昭显滔天罪行，如此他就能够置共叔段于死地，不会背上"不仁不孝不悌"的罪名。能忍善藏之后，就是抓住最佳时机，克段于鄢，一举端掉了动乱的祸根。

从这段历史故事中，应该领悟到一点：在职场上或者创业过程中，如果与他人竞争，时机不利，那就要能忍善藏；一旦时机成熟了，该出手时就要出手，不要拖延和含糊，否则的话就会给对方可乘之机，给自己带来麻烦。

吉姆曾经是美国某肥料厂的一名速记员，虽然他的上司与同事总是在工作中偷懒，但他却依然保持着认真工作的习惯，重视每一个工作细节。

一天，吉姆的上司让他替自己编写一本阿穆尔先生前往欧洲用的密码电报书。吉姆并不傻，他不允许自己永远停留在现在的岗位上，替这位懒惰而又糊涂的上司白白干活。他非常用心地做这本密码电报书，展现了自己的最佳水平和风格，别人一看这本书就知道是他做的。他查阅了大量相关资料，并将其打印出来编成了一本精巧而又方便翻阅查找的小书本，然后装订好。做好之后，他便将自己的杰作交给了上司，而上司也很快就将其交到阿穆尔先生的手里。

阿穆尔先生看到后，对吉姆的上司说："这大概不是你做的吧？"

上司颤抖地回答："哦，这是我叫吉姆做的……"

阿穆尔先生许久没有说话。

一个月后，阿穆尔先生解雇了吉姆的上司，让吉姆取代了他的职位。

要想让他人认识你的真正实力，要想不湮没于朽木落叶之中，就不能一生都是忍耐、掩藏。为了前途，为了名声，当机会来临的时候，就应当果断出手。

不过，要发现机会、寻找机会，首先就要有宽广的胸怀和视野，不能够将眼光局限在某个狭小的范围内。另外，发现机会了也不能只盯着眼前的一切，还要注意背后的东西。螳螂虽是捕食高手，但"螳螂捕蝉，黄雀在后"，因此，在寻找机会的同时也不要忘记谨慎处事，绝不能因小失大。

该退则退，一时的后退并不会阻碍前进的脚步

该进则进，该退则退，智者之举。

只有能够掌握进退节奏，

而又明白方向的人，才能成就一番大业。

必须掌握进退的节奏和时机，有时候退一步是为了更好地前进。

人生的道路是蜿蜒曲折的，当遇到不利于自己的形势时，可以先做出退步，甚至可以暂时隐藏自己的才能，掩盖内心的抱负。可一旦时机成熟，就要奋然跃起，去主动达成自己的目标。

在必要的时候，以退为进，是一种自我表现的艺术，暂时的让步是为了更好地选择。要赢得胜利，该退让的时候不妨让一让，但是进退的节奏和时机要自己把握，千万不要误判形势，弄巧成拙。

春秋时期，楚庄王为了扩大自己的势力范围，征讨庸国。

庸国上下齐心，奋力抵抗，楚军一时难以侵犯，甚至在一次战斗中，楚将杨窗还做了庸国的俘虏。可是由于庸国的疏忽，被俘三天的楚将杨窗逃走了。

杨窗给楚庄王汇报了庸国的情况，说："庸国上下同仇敌忾，如果我们不调集主力部队，恐怕难以取胜。"

这时，楚将师叔出了个计策，建议佯装败退，以骄庸军，然后再去进攻他们。楚庄王认为此计甚好，命师叔带兵进攻。开战不久，楚军就佯装难以招架，败下阵来，向后撤退。就这样一连几次，楚军节节败退。庸军七战七捷，变得骄傲起来，根本不把楚军放在眼里。渐渐松懈了斗志，对楚军的戒备也渐渐消失。

楚庄王趁机率领增援部队赶来，兵分两路进攻庸国。庸国将士正陶醉在胜利之中，怎么也没有想到楚军会突然发起进攻。仓促应战却无力抵挡，而楚军越战越勇，一举灭了庸国。

楚国为了战胜庸国，七次佯装败退，用七次的后退赢得了一次大的胜利。在必要时后退一步可以积蓄能量，可以创造更好的机会，后退并不是代表着胆怯和弱小。

大丈夫能伸能屈，该退的时候要干脆果断，该进的时候要义无反顾。

曾经，海特集团国际贸易部与欧洲客商签好了一笔订单，双方谈好的产品单价为23美金，而且也签订了购销合同。

可是在产品投产时，海特集团国际贸易部才发现生产部门在计算成本时将皮料的价格核算得偏低，若按实际成本计算，生产每双鞋子最少还要增加1美金。欧洲客商知道这个消息后，不做丝毫让步，表示要严格恪守合同。

双方僵持一段时间之后，海特集团国际贸易部负责人将这个情况汇报给了公司总裁，并询问总裁是否继续与外商洽谈加价。可总裁却表示，1美金是小事，商业信誉是大事，退一步海阔天空。既然签了合同，即使亏本，这笔生意也不能终止，信誉更重要。

消息很快传到了欧洲客商那里。听说海特集团主动让步，欧洲客商在感到意外的同时也很感动，主动提出在价格上增加1美金，却被海特集团总裁婉言谢绝。

欧洲客商对海特的诚信经营大为赞赏，当即追加了订单，将原来30多万美金的订单一下子增加到150多万美金，并表示愿与海特集团建立长期合作，将合作扩展到其他行业。这使海特集团迎来了黄金发展期。

海特集团的高姿态退却，为集团的发展创造了黄金期。由此可见，要想有所作为，"让步"是少不了的，退让是为了前进得更有力。

磨刀不误砍柴工，一时的后退，并不会阻碍前进的脚步。

Chapter

03

第三章

度势：困境中放开眼界瞧四方

〈〈〈〉〉〉✕✕✕〈〈〈〉〉〉✕✕✕〈〈〈〉〉〉✕✕✕〈〈〈〉〉〉✕✕✕〈〈〈〉〉〉✕✕✕〈〈〈〉〉〉✕✕✕〈〈〈〉〉〉✕✕✕〈〈〈〉〉〉

每个人都会有不好的遭遇，面对种种不好的环境，需要我们
能度势，有远见性地看待问题，而非鼠目寸光，只顾眼前的
利益。

身边不缺少财富，缺少发现财富的眼睛

悦 读

我们身边并不缺少财富，

而是缺少发现财富的眼睛。

　　平凡中往往孕育着奇迹和机遇，需要练就一双发现它们的慧眼。脚踏实地即为平凡，好高骛远则会使人身心疲惫。只要不断检验自己的行为，处处留心生活所赐予的每一个平凡的机会，就能够改变许许多多不利于自己的局面。

　　出生于贫民窟的菲勒，从小跟许多出生在贫民窟里的孩子一样争强好胜，也喜欢逃学。但值得骄傲的是，他拥有一种与众不同的能够发现财富的眼光。他从街上捡到一个坏玩具车，拿回家精心修理好后，带到学校让同学们玩，然后向每人收取0.5美分的报酬，一星期之内，他就赚回一辆崭新的玩具车。

　　菲勒的老师不无惋惜地说：“如果他出生在富人的家庭，肯定能成为一名出色的商人，但是这已经不可能了，他能成为街头商贩就不错了。"

中学毕业后，菲勒正如他老师所说的那样，成了一名小商贩。他卖过电池、小五金、柠檬水，每一样都经营得很出色，得心应手。与贫民窟的同龄人相比，他已经算得上是出人头地了，但菲勒并不满足于现状，他时刻寻求着身边的商机。

他从街头小商贩一跃成为一位出色的商人，是靠一批来自日本的丝绸发家的。那批丝绸足有一千多公斤，因为轮船运输过程当中遭遇暴风雨，丝绸被同船运载的染料浸染了，失去了原来的颜色。这让日本人很头痛，他们想便宜卖掉却无人问津，想运出港口扔掉，又担心环保部门处罚，究竟该怎样处理这些丝绸呢？如果想不出更好的办法，他们只能再运回去。

港口有一个地下酒吧，环境幽雅，价位又不高，菲勒经常在那里喝酒。那天，他又在那里喝醉了，当他跌跌撞撞地经过几个日本海员身边时，无意间听到他们正在与酒吧的服务员说那些令人讨厌的丝绸的事情。说者无心，听者有意，菲勒觉得自己的机会来了，他蹒跚地走过去说："不要担心，我替你们处理掉这些没用的东西吧。"

海员们以为这是一个醉汉的醉话，谁也没有放在心上。没想到第二天一早，菲勒就开着一辆大卡车来到港口，找到那位日本船长，真的要帮他们处理这批丝绸，船长虽然备感不解，但又求之不得，连忙卸下了这些"累赘"。菲勒没花任何代价便拥有了这些特殊的丝绸，然后他精心设计，用这些丝绸制成迷彩服装、迷彩领带和迷彩帽子。没多久，他便拥有了10万美元的财富。从此，菲勒用滚雪球的方式经营着他的产业，财富越来越多。

有一天，菲勒在郊外转悠，他看上一块荒地，便找到地皮的主人，说他愿花10万美元将荒地买下来。地皮的主人想，这么偏僻的地段，只有傻瓜才会出这么高的价钱！他担心菲勒反悔，很快就办好了交易手续。

菲勒花10万美元买来的荒地，一年后其价值竟出人意料地翻了150倍，因为市政府要在郊外建环城公路。不久，又有一位富豪想在那里建造别墅群，就找到菲勒，愿意出2000万美元买下他的地皮。但是菲勒不卖，他认为那块地皮还会增值得更多。果然不出菲勒所料，3年后，那块地又增值了近500万美元。菲勒用10万美元，在四年时间里，不动声色地赚了2490万美元。

很多人都怀疑他和市政府的某些高官有交情，不然当初他怎么能获取那些珍贵的信息呢？但事实是，菲勒不认识市政府的任何人。

菲勒的发迹和致富，让许多人难以理解。细细品读，就会发现这其实就是平凡状态中孕育的奇迹和机遇，要想拥有这份奇迹和机遇，就要悉心体察，练就一双慧眼。

创业就像老鹰觅食，一定要准、狠

没有好的眼光、没有足够的胆量，
只会跟在别人后面，是永远不会出头的。

　　无数的平凡工作和信息组合构成了纷繁芜杂的现实，有些人总是对周围的事视而不见，有些人则恰恰相反，完全可以凭借自己敏锐的洞察力迅速分析周围的一切，果断剔除那些无用的信息，精致地汇总和高效地查找到有用的信息，让它们为自己服务！

　　可以毫不夸张地说，敏锐的洞察力存在的价值有时候比经验更重要，天才与庸才的区别，就在于此！

　　"我也有能力成功，只不过没有合适的机会而已。""如果像他一样幸运，我可以做得更好。""我的工作太糟糕了，没有任何机会获得升迁。"在失败面前，很多人总是把原因归咎于其他，不从自己身上找原因，我们要像老鹰一样，善于发现和捕捉，让自己成为幸运儿。

鲍勃和休斯毕业于德国汉堡的同一所学校，效力于大众公司的同一家汽车修理厂，从事着同样的汽车修理工作。不同的是，两年后休斯获得的薪酬是鲍勃的数倍，这让鲍勃很不高兴。

"这样可不行！"鲍勃向经理抱怨。

"怎么了，年轻人？"

"我和休斯做的是同样的工作，可是他的薪水却是我的三倍！"

恰好在这时，一辆发生故障的汽车被拖了进来，经理示意鲍勃处理一下。

"不用看，肯定是电子打火的问题……"鲍勃嘟哝着。

粗略的检查后，鲍勃对顾客说："放心吧伙计，只是一点小问题，可能是电子打火的毛病，我很快就能修好。"鲍勃手忙脚乱地折腾了半天，也没把故障排除，顾客的脸上露出不快。

经理示意他叫来休斯，看他是怎么处理的。

"休斯，你估计这车的故障是出在什么地方？"经理似乎要故意为难休斯。

"轮胎上沾满了土，车身也全是灰尘，应该是灰尘过多堵塞了油路吧。"休斯打量着车子，像一个猎人盯着猎物，锐利的目光似乎可以看穿一切。

休斯一边检查故障一边说："先生，您的发动机出了一点小故障，很快就可以排除的。故障的原因是发动机化油器里积尘太多——大概您去远处郊游了吧？而且您使用的汽油也不是标准的。如果我说得没错，请您下次一定要注意这两点，这对您的爱车大有好处！"顾客听得连连点头。很快休斯就排除了故障。

"还有，车的几个轮胎螺丝松动了，不过不要紧，我已经帮您重新固定好了。"休斯一边紧螺丝一边道："我再奉劝您一句，您的汽车最好每隔一段时间进行一次保养——假如您没有时间的话，我们随时可以上门为您效劳。"说着他递给顾客一张印有公司联系电话和具体地址的卡片。

顾客满意地离开后，休斯来到经理旁边，递过来一张工作记录单："先生，我们的化油器清洗液已经用得差不多了，最多还可以维持一个星期。最近总公司新出品的一种清洗液性能不错，而且更经济。我想是不错的替代品。"

经理微笑着对满脸通红的鲍勃说："现在你知道为什么休斯可以获得比你高得多的薪金了吧？"

机会就像金子，埋藏在简单而普通的事物中，庸人只看到事物的表面，天才却可以拨开层层迷雾，直击本质。

李先生和王先生同在一家企业做事，他们都有很高的学术成就，有出色的工作能力，而且工作认真勤奋，但是待遇却大为不同。李先生屡次被老板提拔，王先生却一直在原地踏步，这使王先生大为不解。同样的知识基础，同样的工作环境，同样的技术才能，为什么待遇却不同？

一天，李先生和王先生一起驱车到外地出差。王先生发动了汽车，空中有些雾，路上的车子很多，走得有些慢。过了十几分钟，雾越来越大，路都看不太清楚了。李先生倒不着急，一边由着王先生慢慢地驾着车，一边和他说着话。

"在这样的大雾天气开车，你觉得怎么样才能行驶得更安全？"李先生问道。

王先生说："只要跟着前面车子的尾灯，就没什么事。"

李先生沉默了一会儿，突然问："如果你是头车，你该跟着谁的尾灯呢？"

王先生听了，心中一阵震动。是呀，如果自己是头车，又有谁会给自己指路？李先生的言外之意，他一下就领悟了：应该用自己的眼睛看清前面的路怎么走，用自己的头脑分析利弊，选择自己的方向。

从这之后，王先生工作得更加出色了。没过多久，他就发现了一个别人没有开拓的新的创业领域，凭借自己的奋斗和敏锐的商业头脑，很快就成功了，他的成功秘诀只有短短的一句话："做别人的尾灯。"

曾经有位智者带着两个年轻人来到海边，问他们："你们看到了什么？"第一个年轻人回答："我看到了无边的大海。"第二个年轻人回答："我看到了湛蓝的天空、洁白的云彩和飞舞的海鸥，看到了汹涌的波涛、波涛下坚挺的岩石和嬉戏的鱼儿，看到了广阔的沙滩、沙滩上散落的贝壳……还有这个！"年轻人兴奋地喊道，他的手里拿着一颗闪亮的珍珠。

智者感慨地对第一个年轻人说："同样的观察，你看到的只是海水，他看到的才是真正的大海——海的本质和内涵！"

雄鹰翱翔在天空，不管猎物藏匿得多么巧妙，都逃不过它们锐利的眼睛。创业，也需要有一双这样的眼睛。

不懂这些道理，只能是穷打工

想成功，不能没有远见，
要把目光放长远一点。

成功者都是有远见的人，只有把目光放长远，才能有大志向、大决心和大行动。那么，什么是远见？

作家乔治·巴纳说过："远见是在心中浮现的，将来的事物可能或者应该是什么样子的图画。"

为了心中那团火，他偷偷砍了家里一棵树，拖到街上卖了9元2角钱，步行100多里来到火车站，花5分钱买了一张站台票。

他就是刘延林，从怀揣9元2角钱南下打工到资产过亿，传奇的背后，隐藏着不为人知的艰难和辛酸。

刘延林出生于四川省广安县恒升镇果子村一个普通的农民家庭。1978年，由于交不起2元钱的学杂费，刘延林被学校拒之门外。父亲无奈之下，打发他跟姨父去河南谋生。姨父在河南邓县一个瓦窑给当时14岁的刘延林找了一份工作，刘延林咬牙拼命地像个成年人一样干活。

辛苦一年，窑主发给他70块钱。钱到手后，刘延林禁不住心花怒放："我终于能挣钱了，终于能为困境之中的七口之家分忧解难了！"过完年，15岁的刘延林再次告别父母去河南务工。只不过上次出去还是由姨父带路，这次出去，他竟然带着一个比他大五六岁的徒弟。刘延林对曾打过工的那家瓦窑充满期待，哪成想那家瓦窑换了老板。无奈之下，师徒俩忍受饥饿与劳累走村串户找活干。挨过了最艰难的几天，终于有一家亟待点火的瓦窑答应雇用他们。瓦窑点火后，刘延林拿到钱就去往福州，并很快找到了工作，在建筑工地做小工。

过了两年比较稳定的生活后，刘延林不仅学到了手艺，还学会了讲福州话。一次，刘延林从福州返家过春节，当生产队长的姑父瞄准了他在外面见过世面，想和他一起卖猪崽、卖猪肉。两人商量后都感觉很兴奋，立刻向信用社贷了800元，加上东借西凑的钱，总共筹集了1000多元。最终却损失惨重，刘延林欠了一屁股债。

在迫不得已的情况下，出现了故事开头的那一幕，刘延林怀揣9元2角钱来到了广州。

来到广州的第三天，恰好碰上广州市郊一家砖厂招收工人，刘延林什么条件都没说就跟人走了。自打从砖厂领工资起，刘延林就节衣缩食，积攒下来的钱就陆续往家里寄，不到一年就将债务全部还清了。之后不久，他经过工友的引荐去往海丰县砖厂，主要负责生产技术管理，一干又是两年，最后成了砖厂的行家里手。特别让他受益匪浅的是，在海丰，他真正见识到了当地老板们经营的手段。

"不想当老板的打工仔不是有出息的打工仔。"刘延林心中酝酿着的野心，一下子迸发出来，再也无法抑制："当老板，向特区靠拢！"

他拿着辛苦打工积攒下来的5000元"巨款"，来到惠阳县的淡水镇，费尽口舌，说服了两位四川老乡与一位当地人，合伙购买一座砖厂，刘延林担任法人代表。

谁也没有想到，这座砖厂竟成了刘延林发家的第一块跳板。刘延林独自经营后，淡水的建筑业热了起来，不到半年，就赚了10多万元。此后砖价天天上涨，到1987年已是日赚几千，这时刘延林的哥哥也来了，他们又建了一个砖厂，1988年年底盈利达200多万元。

1988年年底，刘延林在一次又一次地对淡水的房地产进行分析后，倾尽200多万元，买了几百亩地。仅仅过了半年，淡水的房地产开始升温，土地价格猛涨，黄金地段竟攀升到每平方米1万多元。刘延林手中拥有几百亩地，发财是肯定的。但他很清醒，把自己拥有的土地做了一个规划，留下自己准备安排使用的几处后，才将其余的卖了出去。

1990年，刘延林注册成立了"川惠实业公司"。1992年，注册为"川惠实业发展公司"，经营项目涉及房地产、建筑材料、汽车修配、旅馆、高科技产品开发等。年仅28岁的刘延林就这样跨入了亿万富翁的行列，实现了他的"野心"。

若想出人头地，就要放弃短视，把目光盯向远方。"野心"跟职业无关，无论是谁，只要有"野心"有目标，就都有可能做成大事。

别搞错了，你所谓的前途不过是"钱途"罢了

机遇很珍贵，不能因为"钱途"而失去了"前途"。

光是金钱还不足以创造人生的舞台，要放宽眼光，与现实接轨。不应该泛泛空谈，要从实际切入，融入自己的理想。一个只有一亩地的农民想要在自己的地里收获几千吨粮食，这不是理想，而是妄想。创造属于自己的舞台，要有理想，理想要接近实际，切实可行。

钰涵的大学专业是广告策划，毕业后因为对口工作难找，不得不进入一家房地产公司做文案助理，专门负责文字处理工作。她的文字功底相当不错，做起这份工作来也算得心应手，但是这份工作同她自身的专业并不对口，而且枯燥，千篇一律的处理文字并非钰涵所喜欢的。她考虑到很多招聘职位都要求工作经验，还是觉

得有一份工作先做着当作积累经验，再跳槽也要容易一些。

钰涵工作了近一年半的时间后，准备跳槽，但一切并没有她想象的那样顺利。钰涵的性格比较开朗，喜欢一些有挑战、有创意的工作，非常希望进一家广告公司做广告策划工作，这样既满足了愿望也符合自身专业。可是，广告公司开出的薪资待遇普遍比较低，究其原因是她没有具体从事策划工作的经验。反观那些招聘相关文案工作的职位所给出的薪酬待遇则比较诱人，比现在这份工作的薪资要高出一半。虽然这并不是钰涵喜欢的工作，但薪酬条件毕竟比较诱人，也许是她转行之后一两年之内都无法达到的高度。面对理想和现实，该怎样选择呢？钰涵非常困惑。

对初入职场的年轻人来说，更多的人对"钱途"看得更重一些，长此以往，他们才发现，自己的前途被阻隔在很远的地方。当今，大学生的就业压力一直存在，但是大学生就业调查却让人吃惊。曾经某地对96家用人单位做过一项调查，结果为大学毕业生首次就业后3年内跳槽率高达70％，主动离职原因中"个人发展空间不足"居首位，占31％。不过，还有一些刚毕业的90后大学生在择业时宁愿放弃那些高薪但前途不理想的工作，而选择那些暂时低薪却充满挑战前途看好的职业。

年轻人要正确定位自己，客观地认识自己的优势和劣势，看重前途，看轻"钱途"。那么机遇面前，该如何抉择？

一、长期投资和短期收益之间要做好权衡

在职场中，获得收益的机遇特别多，但处理好长期投资和短期收益之间的关系却很难。很多职业顾问都建议要重视职业定位、职业规划。只有确定了职业目标，为以后的职业发展做好规划，才能激发出最大潜力，不断提高能力使自身价值得到提升。这需要一定的过程，在一开始，眼前利益会有所影响，但却可以铺展一条合适的职业道路，让收益慢慢增多。相反，如果只看重现时利益而放弃真正的目标，风光一时后要仔细盘点究竟获得了什么。

二、前途和"钱途"未必都能争取到

案例中的故事在生活中不在少数，职业目标与现实发生了冲突，很多人选择跳槽，但是隔行如隔山，如果想跨越这条鸿沟，就必须付出一定的代价。薪酬待遇是对工作付出的回报，同时也是自身价值的体现，这个价值的衡量标准并不统一，所以在企业和个人之间才容易产生分歧。

三、从自身实际出发才能实现良好的可持续发展

面对前途和"钱途"的选择时，一定得明确自己的真正目标。以故事里的主人公为例，从她外向、善于接受新鲜事物的性格特点来看，策划工作更加适合她，平淡的文案工作已经让她感到厌烦了，如果继续做下去，抵触情绪反而会影响她的职业发展。如果她从事策划工作，虽然在开始的时候收入不太理想，但随着自身能力的提高，肯定会有所改善，对今后的发展十分有利。

机遇到处都有，但我们要抓取对自己前途有利的机遇。还要正确了解自身的情况，认清自己的不足之处，以便充实自己。

当确立好自己的目标后，就需要放宽眼光，不能被一时的"钱途"挡住了自己的前途。要努力寻找为自己创造舞台的机会，用所有的精力去完成每一个动作，用实力去证明，自己就是一颗闪亮的明珠。

大局为重，不要为眼前小利所动

悦 读

无欲速，无见小利。

欲速则不达，见小利，则不成大事。

"一切以大局为重。"不仅要认清大势，更要懂得如何取舍。只有认清利弊以后，才能做出正确的选择。在坚持大原则的前提下，果断取舍。

有的人之所以在人生路途上走得跌跌撞撞、痛苦不堪，就是因为在面对问题的时候，本该选择离开却选择了靠近，本该选择靠近却又选择了离开。如果一个人连分辨离开与靠近的智慧都没有，不知道什么是"势在必行"，什么又是"势所不行"，那么一切努力都只会是徒劳。有时候，一些小的机遇确实很诱人，但它却是美丽的陷阱，会让人因小失大。真正的强者往往不被小"利"所引诱，能够做到"舍小"，往往也能够"取大"。

有这么一个穷苦人家的孩子，身体瘦弱时常生病，学习成绩也不大好，常被老师和同学看不起，一直生活得很平庸。直到有一天，他看到电视上正在介绍有史以来最伟大的高尔夫球运动员尼克劳斯时，这个孩子的心被打动了，他暗暗发誓："我要像尼克劳斯一样，做一个伟大的职业高尔夫球运动员。"

父亲得知他的想法后，认为不切实际，对他说："孩子，高尔夫球是富人的运动，不是我们这些穷人可以玩的。"小小年纪的他并不知道那么多现实问题，他也不管这些，像其他得不到玩具的孩子一样又哭又闹。偏爱他的母亲看不下去了，便对他的父亲说："我相信我们的孩子会成为一名优秀的高尔夫球运动员的！"然后又对孩子说："等你有了钱，会不会给妈妈买一座大房子啊？"孩子说："妈妈，我会给你买一座像乔治他们家那样的大别墅，不，比他们家的还要大，还要漂亮！"父母都被这孩子的一句话感动了，父亲也不再说什么，算是默认了。

没有钱买球杆，父亲就自己动手给他做了一个，没有场地，母亲就在门口的空地上给他挖了几个洞，还去做兼职赚钱，并一直省吃俭用，终于攒够了买高尔夫球的钱，他的高尔夫球生涯就这样简陋地开始了。

命运的转机是在他升入中学之后，他遇到了改变他一生的体育老师里奇·费尔曼。老师发现了这个少年的天赋，建议他去一个高尔夫球俱乐部兼职练球，并帮他支付了一些费用。仅仅几个月的时间，他就在奥兰多市少年高尔夫球赛中取得了冠军。在斯坦福大学念书期间的一个暑假里，他的一个好朋友看他平时生活太辛苦，就给他介绍了一个一周有几百美元的兼职，是去这个朋友哥哥的一艘豪华游轮上做服务生，薪水很诱人，足够他养家了，他动心了。

当老师再一次找到他，告诉他帮他联系了一家高尔夫球俱乐部的时候。他有些不好意思地对老师说他要去工作养家了。老师听后生气地说："孩子，你的梦想呢？"他愣住了，是啊，被生活压得喘不过气的他，早已忘记了要当像尼克劳斯一样的高尔夫球运动员，然后挣很多钱，给母亲买一栋漂亮别墅的梦想。老师平静下来后，温和地对眼前这个红着脸一语不发的孩子说："的确，现在去工作是可以帮你家里减轻一点负担，会让家里的日子好过一点。可是孩子，这一周几百美元的收入，你要怎么给你的母亲买别墅？假如哪天这份工作不需要你了，那你怎么办？而且这么多年来的努力，你想就这样白白浪费了吗？"

他的梦想又一次闪电般地穿过脑海，热血瞬间流遍全身，他呆坐了很久，然后起身，对老师深深地鞠了一躬："谢谢您，我亲爱的老师，您又一次拯救了我。"

谢绝了朋友的好意，他投入到艰苦的训练中。功夫不负有心人，在当年的全美业余高尔夫球大奖赛上，他成为该项赛事最年轻的冠军。三年后，他成了一名职业高尔夫球手。他就是"老虎"伍兹，迄今为止最伟大的高尔夫球运动员，他成功地超越了他的偶像并创造了高尔夫球的神话。1999年，他成为世界冠军；2002年，他成为自他的偶像尼克劳斯之后连续获得美国大师赛和美国公开赛冠军的首位选手。从出道至今，他一共拿到了39枚金牌。现在他的年收入是体育明星之最，他不仅实现了儿时的梦想，还兑现了给母亲的承诺，给母亲在世界各地买了6栋大别墅。

一周几百美元的工作，对当时的伍兹来说，有着巨大的诱惑力，面对这样一份可以养家糊口的工作，伍兹也的确动摇过。但是在老师的劝说下，他最终放弃了这种诱惑，因为他意识到了自己的梦想才是真正重要的。这种肯放弃眼前短暂的小利，而去追求虽然遥远但是却伟大的梦想的智慧和勇气，帮助他创造了属于他自己的辉煌人生。

每一个人都可以实现自己的梦想，在追逐梦想的过程中别被一些暂时的小利所诱惑、所牵绊，努力朝着自己的终极目标迈进，会少走很多弯路。

闭门造车是死路，看清形势是出路

悦读

善战者，求之于势，不责于人。

任何一个企业，想要获得发展，必须要看清楚社会发展趋势。拒绝外来信息，闭门造车是死路一条。想要走向市场，抢占市场，必须看清形势。

1933年，罗斯福将入主白宫，担任美国第32任总统。哈默得知罗斯福将会在全国推行新政，而原有的禁酒令也会被解除。

精明的哈默从这个信息中看到了商机，啤酒和威士忌酒的需求量将会猛增，酒桶也将会供不应求。他已经看到了酒市场和酒桶市场的广阔前景，决心在禁酒令解除之前先涉足这一行业。

当时，商人们不敢制造酒，但人们喝酒的欲望却十分强烈。哈默认真研究了禁酒令，发现生产药酒并不违法。于是，他大胆地生产了一种药酒——姜酒投放市场，立即受到了消费者的热烈欢迎。

同时，哈默又开始准备生产酒桶的原料和设备。他了解到他曾生活过数年的苏联正有一批白橡木准备出售，于是立即飞往苏联以略高一些的价格，把这批白橡木从德国商人手中抢了过来。他又在新泽西州建立了一座现代化的酒桶厂，加工制作酒桶。禁酒令解除之日，哈默的酒桶从生产线上滚滚而出，此时各地对酒桶的需求量激增，这批酒桶立即被高价争购一空。

哈默购买的5000股美国制酒公司股票也得到了回报，股息是5500桶烈性威士忌。哈默别出心裁地把桶装威士忌改成瓶装，并贴上专门设计的商标在市场上销售，很短的时间里就销掉一半。接着，他又重金从法国请来酿酒专家，用马铃薯做原料酿成烈酒，在纯威士忌酒中兑入80%的马铃薯酒再出售。这种勾兑的酒味道和纯威士忌酒相差不大，但成本却大大降低。原来销剩的2000桶威士忌酒经过勾兑变成了1万桶，依然很快销售一空。

哈默又买下一座设施先进的小型酒厂和一座大型的酒精加工厂，精心研制出"丹特牌"名酒，并批量投入生产，加强广告宣传，使"丹特牌"威士忌一跃成为美国知名名牌，年销量达100万箱。

当朋友为他举杯庆贺时，头脑清醒的哈默意识到，酒类和酒桶生意的成功是社会大环境向他提供的机会，未来前途难以预测。于是，果断地卖掉了酒厂、酒精厂、"丹特牌"商标及酒业股票，干净利落地结束了酒业生意。

哈默抢在众人前面，大赚了一笔。他的高明之处就在于用敏感的商业嗅觉感受到了商机，并且顺势而生，在禁酒令废除之后，迅速推出相关产品。他高人一筹的信息分析能力，善于抓住社会发展趋势的能力，让他赚得盆满钵满。

想要从社会发展趋势中找到商机的人，必须要关注社会，了解重大新闻和新出台的政策，分析新闻和政策会带来怎样的变化。加强对新生事物的接受能力，提高对信息的加工能力，将社会发展趋势和产品调整结合在一起，做好这些，离成功就近了。

创业要有狗的嗅觉，更要有狼的野性

悦 读

创业者既要有狗的嗅觉，

也要带点狼的野性。

任何一种新生事物在形成某种潮流或者趋势前，都有一定的预兆。保持高度警觉和敏锐的观察力，就不难从日常的事态变化中发现机遇，窥探到商机。

在经济发达的美国，人们的生活压力特别大。有个性格内向的年轻人在工厂里经常受到老板和同事的戏谑和嘲讽，他不善回击和反驳，心里很压抑，情绪一直很低落。长期的郁闷使他患上了严重的抑郁症，为了尽早摆脱这种心理的苦痛，他只好在家人的陪同下去看心理医生。

心理医生为了治疗他的抑郁症，建议他尽情发泄心中的怒火。只要他愿意花费20美元，心理医生就可以给他提供发泄的机会。医生说他可以和患者同玩名为

"报复者"的游戏，患者可以随便打医生，直到发泄到彻底满意为止。

年轻人觉得医生的特殊治疗项目很奇怪，同时也很有趣，虽然他没有按照医生的建议诊疗自己的疾病，但他却从中获取了灵感——原来打人可以发泄心中的不快，想办法让人尽情发泄也可以赚钱。

像他一样在生活中承受着各种各样的压力，需要发泄的人有很多，为什么不做一种供人发泄的玩具出来呢？这样就可以让人对着玩具尽情发泄心中的郁闷和愤怒。想到这里，年轻人立刻找到一位做玩具的朋友，说出了自己的想法，朋友非常赞同他的提议，两人一拍即合，立刻着手研究一种"报复者"玩具。

很快玩具便上市了，不出所料，这种玩具受到了很多人的热烈追捧。这个年轻人和他的朋友从中获取了不菲的利润，但他们没有因此停下脚步，而是乘胜追击，又开设了一家提供各种假想玩具对手的"发泄中心"，供人们击打、翻滚、怒吼，以便及时发泄掉心中的愤怒甚至仇恨，直至心平气和、筋疲力尽。"发泄中心"深得人心，生意特别红火。

年轻人从一次偶然的看病过程中获得灵感，捕捉到机遇，让更多和他一样处于紧张生活中的人找到了放松自己、解脱压力的方法，而他也获得了成功。

想要获得成功，就要拥有敏锐的嗅觉，可以发现潜藏的机遇，具备敏锐嗅觉的同时，还要有野心。想在竞争激烈的社会中站稳脚跟，没有一点"野性"是行不通的。"志当存高远"，人的志向与成就是密切相关的。如果没有远大的志向，就不可能成就大业。对自己的要求越高，取得成就的可能就越大，对自己的要求越低，取得成就的可能就越小，甚至会一事无成。

他是一位平凡的英语教师，却有一颗不平凡的心，他凭着一股激情，创办了一所英语培训学校，一路风雨、一路泥泞，没想到他竟成为中国最著名的教育集团的掌门人，他就是俞敏洪。

一位默默无闻的教师，创造了一个现代教育史上的奇迹，在他的身上，看到了这种魔力。

俞敏洪出生于江苏省一个偏远的农村，上学期间正赶上"文化大革命"，被迫辍学。1978年，恢复高考，俞敏洪赶上了高考头班车，可是却没考上，连续两次与大学擦肩而过。但他并不气馁，1980年，俞敏洪终于走进了北京大学英语系。

毕业后，俞敏洪在北大教了7年英语，这7年里，俞敏洪默默无闻。然而在这沉寂的背后，那颗不安分的心狂跳不已，他一刻也没放弃人生的梦想。看着一位位走出国门的昔日同窗，俞敏洪也参加了GRE、TOEFL考试，但却没有被录取。

1991年年底，俞敏洪开始在一些英语培训学校兼职代课，拼命赚钱。他发现这些民办学校唯利是图，素质太差，便萌发了自己开办学校的念头。

1993年，俞敏洪到海淀区教育管理部门申请执照，起初主管部门不同意，俞敏洪就三天两头往海淀区教育部门跑。最后教育部门同意先试营业半年，如果办不好就关门。

这年冬天，俞敏洪自己拎着糨糊桶、骑着自行车，在行人渐稀的大街小巷和灯火点点的大学校园张贴毛笔写的补习班广告，由于天气冷，糨糊倒上去就成了冰。更不幸的是，1994年，当新东方刚有一点发展的时候，又与竞争对手发生冲突，新东方学员在贴广告时竟被人捅伤住院。

但是这并没有让俞敏洪退缩，反而激起了他的昂扬斗志。刚开始的时候学校规模很小，只租了一间教室，第一批学员只有13个人，到1994年年底，学校同期有2000人在读，而到1995年，学生已达1.5万人。

俞敏洪编写的《GRE词汇精选》被大学生称为出国留学考试的"红宝书"，几乎人手一册，俞敏洪办的托福班、GRE班、英语四六级考试辅导班声名远扬。之后，俞敏洪到美国、加拿大，开始演讲之旅，并获得了巨大的成功。"新东方"迅速聚集起一批从海外归来的精英，进入迅速发展的第二个黄金时期。这些海归的加入使新东方又开辟了出国咨询、口语培训、大学英语培训等业务，新东方从单纯的出国英语培训学校拓展成提供多品种教育服务的机构。

1999年，新东方在北京中关村投入1000多万元建立了一幢宽敞明亮、设备齐全的教学大楼。从1998年开始酝酿，到2000年结束，俞敏洪完成了新东方从一个手工作坊向现代企业的转变。

2000年，俞敏洪携校董事会成员通过借贷凑足5000万元，注册成立了整合新东方所有校外产业资源的企业——"东方人"。

随着国内英语教学市场的不断扩大和新东方的影响逐渐增强，俞敏洪又瞄准了互联网，瞄准了网络教育。经过长期考察与谈判，2000年12月13日，新东方宣布与中国IT巨头联想集团联手，强势推出网络教育产业，联想出资5000万元人民币，与新东方合作建立新东方教育在线。

野心，简单点说就是进取的欲望，是成功的原动力。没有野心的人是可悲的，平庸，大多是因为缺乏野心。

第四章

谋划：机遇留给有准备的人

当机遇来临的时候，有多少人已经准备好了？机遇偏爱有准备的人，若想得到机遇的垂青，就要提前做好准备。

为明天做的最好的准备，就是今天尽力而为

悦读

机遇偏爱那些做了充分准备的人。

　　蔡汶峰既不是"富二代"也不是"官二代"，他的成功完全是靠自己的勤奋踏实。他毕业于韶关学院法律系，按理说应进入一个与法律有关的单位工作。可是这个小伙子却没有，他在毕业后短短一年的时间里就白手起家赚到10万元。他的故事很值得创业者借鉴和参考。

　　大三开始，蔡汶峰便开始计划自己的未来，他根据实际情况，顺应市场了解求职的方向。他没有盲目地制作精美的求职简历，也没有向任何单位投递求职申请书。

　　他在食堂门口发现了商机，食堂门口每天排队购买鲜奶的同学特别多，然而食堂提供的鲜奶品牌属于中档，价格偏高，而校外也没有一家能够提供鲜奶的小

店。蔡汶峰看到鲜奶在校内同学中的需求量很大，刚好校内没有更多的供应，觉得可以尝试一下，既可以锻炼自己，又可以赚些零用钱。

第二学期，一番深思熟虑后，他认为在校内卖鲜奶具有可操作性，便和同班几名同学一起行动，他拿出自己一学期的生活费4000元和同学集的5000元加在一起，联系好了鲜奶的供货商。每天他负责早上6点开门接货，其他同学负责在各个学生宿舍楼下销售。最终他们小赚了一笔，有了这次小小的经历，蔡汶峰有了自信心。

在另一名同学的影响下，蔡汶峰又开始关注当时的股市行情，他收集了许多股市方面的书籍，从理论上进行分析。几周后，他将生活费6000元加上向朋友借来的8000元，一共14000元投入股市。那几年的股市正一路飙升，从3月到7月短短的5个月，蔡汶峰手上就有了54000元。除去向朋友借的8000元以及自己投入的6000元生活费，他还净赚40000元。带着这些钱，蔡汶峰开始了他的创业梦。

一次偶然的机会，蔡汶峰与同学一起回家。在他的家乡东莞市，蔡汶峰注意到东莞东城区城郊的结合地带人口密集，很多家庭都很富裕，特别重视孩子的教育学习，而且那片区域治安良好，交通便利，非常适合创业。蔡汶峰便考虑开设一个补习班，为需要的学生补习。有了这个想法后，蔡汶峰便在附近做了市场问卷调查，做好了充分准备。然后他在东莞东城区温塘租下了可以容纳60名学生的场地，月租700元。做好这些前期准备后，蔡汶峰开始装修，同时不忘四处宣传。两个月后，即2007年12月，第一期寒假补习班如愿以偿地开办，35名学生让蔡汶峰收获净利7000元。随着补习班信誉的提高，第二年的5月和8月，蔡汶峰又在距离不远的地方增设了两个补习分社。

补习班的成功开办，算是蔡汶峰毕业后小小的成功，可他并不满足。他注意到周边有个小市场，市场里大部分是小规模的经营商户，平时都忙着各自的小生意，一日三餐没有规律。蔡汶峰决定在这附近开一家快餐型的肥肠粉店，以满足那些忙碌的小商贩的需要。于是在开办补习班的同时，蔡汶峰迅速地在2008年6月就将餐馆推出来，小小的肥肠粉店，没他想象的那么简单，杂活很多。第一个月经营得不那么理想，略有亏损。不过，蔡汶峰及时发现了问题所在，迅速调整经营措施。同时，他善于节约成本，从餐馆菜系的计划、采购到服务、洗碗，只要他有空儿就干活。他热情招呼来餐馆的每个客人，服务好每一个外送的订餐客户。这样忙活到第三个月，餐馆开始盈利，一天天稳定起来，也有一大批固定的回头客，为餐馆打下坚实的基础。蔡汶峰平均每天投入成本400元，营业额却能达到1200元，一个月下来就有上万元的收入。蔡汶峰就这样踏实地经营着他的补习班及餐馆，每天奔波在补习班与餐馆之间，时间安排得满满当当的。补习班和餐馆的收入很可观，很多长辈及朋友都很羡慕，交口称赞这位刚毕业不久的大学生，然而他自己却并不满足。

有人说过，当兴趣和爱好成为自己的工作时，那是一件非常幸福的事。这种境界是要有前提的，必须基本生活需求得以满足才行。蔡汶峰的基本生活得到满足，他要追求他内心所渴望的精神上的境界，他决定卖掉补习班及餐馆。刚开始他非常不舍，毕竟是自己亲自创办的，达到这个规模也不容易。可是想起大学时的那些崇高理想和愿望，他不得不忍痛割爱，最终还是将餐馆和补习班转手卖掉了。拿着卖掉餐馆和补习班得到的钱，蔡汶峰的心中有欢喜也有感激，他依然充满自信，对未来充满希望。他对自己的人生规划很明确，先备战公务员考试，如果失败，就继续向自己喜欢的领域进军。他相信，努力终会有回报的。

自主创业时要做好充分准备，不能盲目行事，那样既浪费时间又浪费金钱。要主动深入市场多看多问，最好能自己去体验，才会得到第一手资料，这些资料才是最真实、最有用的。

机遇偏爱有准备的人，若想得到机遇的垂青，就要为此付出。

有条件要上，没有条件创造条件也要上

悦 读

一般的人等待条件，优秀的人创造条件。

不少成功的商人都是敢为自己创造条件的人，客观条件不利的时候穷人和富人的差别就显现出来了。穷人总是认为巧妇难为无米之炊，没有"米"就无法有所作为，而富人恰恰相反，他们会想尽办法去获得"米"，创造条件为自己赚钱。

有条件固然不错，没条件也别抱怨。要成就一项事业，不要只盯着已经具备的条件，更要靠自己的智慧去创造条件。

一个卖鱼缸的商人来到一个小镇上，这个小镇非常漂亮，一条小河从小镇中蜿蜒而过，小河两旁绿树成荫，河水清澈，镇里很多人都在这里避暑、散步。商人认为这个小镇的人一定也非常浪漫，养金鱼的人一定很多，自己的鱼缸不愁卖。

事实恰好相反，这个小镇太小了，这里的人根本没有养金鱼的习惯，也不知道如何养金鱼。尽管人们很喜欢商人的鱼缸，但这对于他们来说，根本没有任何用处。

这个商人没有气馁，他认为没有办不成的事，决定自己创造条件。看着那条贯穿全镇的小河，他想到一个好方法。他到小镇附近的花鸟市场以很低的价格买下了几百条漂亮的小金鱼，然后让卖金鱼的老板将这些金鱼全部投放到那条小河里。

因为去小河边的人很多，不到半天，大街小巷的人都知道镇里的小河里游来了很多漂亮、活泼的小金鱼。很多人拥到河边，跳到河水里寻找和捕捉小金鱼。那个商人便在旁边大声叫卖自己的鱼缸，鱼缸很快就销售一空。

失败者总是喜欢抱怨，却不思考怎样弥补与创造欠缺的条件及因素。事情在于筹谋，正所谓"不谋不立"，要开动脑筋为机会创造条件。要为机会创造条件，需要不断地用心思考，冷静分析现实情况，确定欠缺哪些条件，可利用的条件又有哪些，之后找到突破口，再从突破口出发找到解决方法。

科威特大富豪库特依巴最初是继承祖业，在沿海做一些小本买卖。一次，他遇到了海难，仅有的一条小帆船沉没了，他不得不改行做煤油销售的代理商。有一次他接待来科威特工作的地质学家和调查人员，发现了一个机会。当时石油公司为了建波斯油田需要大量的砾石制造混凝土，而当地的砾石含盐量太高不符合标准，公司雇用了一些建筑工人，想从科威特购买砾石，但在运输上遇到了问题。

库特依巴知道这件事后，很想抓住这次机会，但那时他没有钱。于是，他跑到巴什拉，向三位很富有的人借钱。借到钱后，他就向石油公司投标此项工程，最终库特依巴中标。之后，他用那笔钱买了驳船和拖船，还租下了百余只单桅三角小帆船，靠着这些装备，开始在科威特和阿巴丹之间运输砾石的业务。那时，还没有机械挖掘系统，只能靠人工挖掘和装船。但就在这样的条件下，"二战"爆发前，库特依巴还是拥有了巨大的影响力，并凭此成为英国航空公司和赫德森轿车的代理人。

　　二战期间，轿车业务进入萧条期，库特依巴转而出租他的单桅帆船从事食物进口的业务。二战结束后，库特依巴成为通用汽车公司的代理人。他每年都去参观主要的汽车展览会，他发现人们最关心的并不是汽车的外观式样，而是汽车的内在设备，他又开始发展这方面的业务。当时，科威特的许多商人都把钱用于买股票或走私黄金到印度等地，他们劝库特依巴也用这样的方法积聚钱财，但库特依巴不为所动，他要走自己的路。20世纪50年代到60年代，科威特成为世界石油产地，石油带来的巨大财富使科威特人对轿车的需求急增，坚持汽车业务的库特依巴自然而然地成为科威特最富有的人。

　　创造条件即创造机会，要想创造财富，就绝不能苛求条件。有条件要上，没有条件创造条件也要上。只有拥有这种气魄的人，最终才能得到自己想要的东西。

　　创造财富的过程实际上就是一个不断地将不成熟的条件创造性地变为成熟条件的过程，也是一个不断为自己的成功创造有利条件的过程。

想让人闻到你的酒香，就别藏在深巷中

要善于展示自己，

如果总是藏而不露，别人就无法了解你。

"他怎么就成功了？为什么我就没有这种运气？"为此抱怨无数次，为什么不反省自身？那些成功的人，并不是仅仅依靠运气，他们能将自己推销出去，紧紧抓住每一次机遇。善于推销自己的人，有更多成功的机会。学会推销自己，机遇才会闻讯而来。

英国著名作家毛姆，年轻的时候默默无闻，一直对自己写的书无人问津耿耿于怀。一位作家要让读者认可自己，必须先让读者阅读他的著作。如果只是向人干巴巴地介绍作品如何如何的好，根本不会有几个人买他的书。毛姆别出心裁地在报纸上刊登了这样一则广告："某年轻百万富翁，性情温和，爱好体育、音乐，希望能与毛姆最新作品中女主角性格相同的女士交朋友，然后谈婚论嫁……"没多久，毛姆的著作成了书中翘楚，他本人也跻身于著名作家的行列。

一则小小的广告竟然带来如此神奇的效果，只能说毛姆的自我推销技巧非常高明。他巧妙地利用人们的猎奇心理，让人们对他的作品产生兴趣，也将自己"推销"给了读者大众。迂回推销技巧的精华就在于：别出心裁，藏而不露。

波兰音乐家肖邦成名也是通过这种迂回的推销方式达到目的的。1931年，肖邦从波兰流亡到巴黎。当时，匈牙利钢琴家李斯特已是声名远扬的音乐家，而肖邦只不过是一个默默无闻的小人物。但是，李斯特非常欣赏肖邦的音乐才华，为帮肖邦在观众面前赢得声誉，他采取了一种别出心裁的方法。先由李斯特坐在钢琴前弹奏，灯光熄灭后，就让肖邦代替他演奏。观众被琴声征服了，等演奏完毕后亮灯一看，发现坐在钢琴前的竟是肖邦，观众大为惊愕，却又深深地为肖邦的才能所折服，肖邦终于成功了。

肖邦借助已经成名的李斯特展现了自己的才能，让观众认识了自己。值得一提的是，李斯特推荐新秀的宽阔胸襟也让人们感动。

某大学一批电子传媒的研究生在毕业前夕来北京实习，导师安排他们在某部委实验室参观。学生们百无聊赖地坐在会议室里等待部长的到来，服务员给大家倒水，同学们表情木然地看着她忙前忙后，其中一个还问了句："有绿茶吗？天太热了。"服务员回答说："抱歉，刚刚用完了。"小林看到这个情形，觉得同学不应该要求太多，轮到给他倒水时，他轻声说："谢谢，大热天的，辛苦了。"服务员抬头看了他一眼，满含惊奇和感激，很普通的一句客气话是她今天听到的唯一一句，她很感动。

门开后，部长走进来与大家打招呼，大家静悄悄地，没有一个人回应。小林左右看了看，犹豫地鼓了几下掌，同学们这才稀稀落落地跟着鼓掌。由于掌声不齐，越发显得尴尬无比，部长挥了挥手："欢迎同学们来这里参观，平时接待的事通常都交给办公室，我与你们的导师是老同学，而且关系不一般，所以这次我亲自来给大家讲一讲相关情况。我看同学们似乎都没带笔记本，这样吧，王服务员，你去拿一些部里印的纪念手册，送给同学们作为纪念。"

接下来，发生了更尴尬的事情。大家都端坐在那里，非常随意地用一只手接过部长双手递过来的手册。部长的脸色变得越来越难看，走到小林面前的时候，已经快失去耐心了。这时，小林非常有礼貌地站起来，身体微微前倾，双手接住手册恭敬地说了一声："谢谢您！"部长听到这句礼貌的话后，禁不住眼前一亮，伸手拍着小林肩膀问道："你叫什么名字？"小林照实回答，部长微笑点头返回自己的座位上。早已汗颜的导师看到这种情景，暗暗松了一口气。

几个月后，在毕业分配表上，小林的毕业分配去向上赫然写着该部委实验室。有几位不服气的同学找到导师："小林的学习成绩最多算得上中等，凭什么选他而没有选我们？"导师看了看这几张稚嫩的脸，笑着说道："是人家单位点名来要的。其实你们的机会是完全均等的，说实话，你们的成绩的确比小林还好，但是除了学习之外，你们需要学习的东西就太多了，踏入社会的第一堂课就是学会做人。"

小林得到机遇并不是用诡异离奇的办法赢得导师和部长的信任，而是凭着自己的真诚和礼貌打动了其他人。做事先做人，道德修养和为人处事是一个人事业的基础所在，修养能表达出内心高尚的情操，它并不是那些投机者装模作样的外在行动。在同等的机会面前，成功更偏向于那些修养好的人。所以说，真诚、素质、涵养在任何时候都有作用，它更能引起别人对你的注意力。涵养不一定要通过大事情来体现，小事更能体现一个人的品质，成败在小细节上就已经决定了。

积极地推销自己，铺开属于自己的成功之路。物竞天择是万物生存的规则，这个世界是现实的，也是充满竞争的，伟大的行动者的实质就是具有积极的心态。所以，既然看好了就勇敢地推销自己，用自己的行动证明自己！

量体裁衣，为自己定制机遇的尺码

悦 读

古罗马诗人奥维德说过：

"认识自己，找准自己的位置，是生命焕发光彩的前提。"

只有适合自己的路，才是最好的路。

　　不适合自己的机遇毫无意义，找到合适的机遇要从自己的实际出发。要想成功，就必须要有自知之明，能正确认识自己的优点和缺点，为自己定制出合适的机遇。

　　王钦峰，从农民工成长为机电工程师、企业研发骨干，他的信念始终如一。只要不甘平庸，努力在平凡的岗位上执着追求、勤奋钻研，一样可以成为有用之才，一样可以实现个人梦想，一样可以创造辉煌。

　　1992年，初中毕业的王钦峰到一家配件厂担任学徒工。面对陌生的机械加工设备，看着师傅们熟练的操作，他内心发慌又忍不住钦慕不已。他每天跟在师傅身后学习，反复揣摩，3个月后，已经熟练掌握了车床的全部操作技能，快速成长为一名可以独立操作的熟练工。凭着勤学、好问、实干的好品性，王钦峰又很快掌握了铣床、磨床以及刨床等操作技能，成为企业的"多面手"。

在他眼中，成功的关键在于用功学习、刻苦钻研，"不论学历高低，干什么学什么，缺什么补什么，即使学历低，也能实现自己的价值。"他利用空余时间学习高中与机械类大专的主要专业课程。从1997年到1999年年底，王钦峰阅读了大量的专业资料，写了6万多字的学习笔记，完成了从初中生向专业人才的转变。他说："那段时间的自学不仅使我丰富了知识，积累了经验，坚定了信心，更为我日后参与技术创新奠定了基础。"

一个人的潜能是无限的，只要决心去做，就有可能成功。16年间，王钦峰的身份经历了3次转变——小王、王师傅、王工程师。

"多年的努力学习使我在知识上有了大量的储备，也为我参与公司的一系列技术革新并取得成功打开了一扇扇机遇之门。"

公司的一些大学生工程师这样评价王钦峰："他是一个初中生，却是我们崇拜的偶像。他把所有业余时间当成了自修的机会，用全部热情、精力来充实自己。"

机遇总是垂青那些做好准备的人，不管做什么工作，不干，绝没有成功的可能，肯干，就成功了一半。如果能坚持不懈、不断创新，成功指日可待。

1997年，豪迈公司接到一项生产轮胎模具专用电火花机床的任务。当时公司除了一份根据客户描述画出来的机床总装示意图以外，不仅缺乏专业的机械设计人员，也没有工艺设计图纸。关键时刻，公司将制图重任交到了王钦峰手中，经过7天7夜的努力，他不负众望，圆满完成了绘图任务。第一台轮胎模具专用电火花机床研发成功，王钦峰不仅因此获得了国家专利，填补了国内轮胎模具的空白，也改写了国内轮胎模具手工以及半手工生产的历史。

王钦峰创造了一个个神话，不管大的发明创造，还是小的改革创新，他都认认真真，赢得了"创新怪才"的称誉。在他的带动与影响下，公司涌现出一大批青年科技人才，30多人总共获得了58项国家专利，其中28项新产品填补了国内空白。

王钦峰的发展机遇很多，但他只选择了适合自己的路，抓住了适合自己发展的机遇。"适合自己的生活才是美好而诗意的"，华兹华斯曾经这样说过，只有选择适合自己的道路才能走得顺畅。

能坚持给手机充电，为什么不给自己充充电

知识可以产生力量，成就能放出光彩，

有人能体会知识的力量，

但更多的人只是观赏成就的光彩。

　　要想成为知识经济时代的成功者，就必须要不断学习，掌握丰富的知识为自己做后盾。

　　"吾生也有涯，而知也无涯" "路曼曼其修远兮，吾将上下而求索"，这些千百年来广为流传的经典名言可以说是我们祖先对学习精华的一个总结。

　　小的时候，总是想着等长大一点再学习，小时候应该是玩的时候。可是等到长大以后，又觉得自己已经老了，已经错过了学习的大好时光，又一次为自己找到了不学习的借口。

　　所以有些人就甘心落后于他人，即使自己在机遇面前没有抓住机遇，也总能

找到借口，说这是正常的事。其实不然，落后了就应该主动承认，并且找到落后的原因，别人成功了或是失败了，那都是别人的事。

一个人如果真的想要认真去做一件事情，可以说没有什么能够阻拦。在很多时候，年龄并不是决定性因素，学习的热情才是关键所在。

每个人都会不断地成长，所以更应该不断地学习。有一位著名的演说家曾经说过："当我停止学习的时候，必定是我生命结束的时候。"由此可见，我们倡导的终身学习，已经被很多成功人士实践证明了。他们之所以能够拥有那么多改变命运的机遇，就是因为始终不肯放松自己的学习。

人生本就是一个蜕变的过程，学习就是蜕变过程中所必需的催化剂，只有适应不同的变化，不断提升自己的人，才不会被生活抛弃，才能够更快速地成长。

其实学习并没有我们想象的那么难，多掌握一门语言是一种学习，多掌握一门技能是一种学习，多涉足一个领域也是一种学习。所以一定要弄明白，学习不一定是要背上书包上学校，而是要通过自己的反思，检查意识到自己存在的不足，及时地为自己充电。

活到老学到老，那么应该怎样学习、怎样给自己充电呢？

第一，多看专业的书籍。看书是获取知识的一大途径，根据你工作的行业，或者所学的专业，找对应的书籍观看学习，除了专业书籍之外，看一些名著以及养生类的书也是不错的选择。

第二，学习外语。多学几门外语肯定是好事情，一般来说还是钻研英语比较好，其他语种在工作中用到的机会少一些。

第三，看新闻、关注时事。关注时事可以避免自己与社会脱轨，可以增加自己的知识面，视野也可以得到开阔。

第四，不想看书的朋友，可以多看一些教学视频。现在免费的视频课很多，平时没事的时候可以根据自己的兴趣爱好，到网上选择自己想学的视频教程。

凡事有预案，成功才会有保障

悦 读

凡事预则立，不预则废。

如果做事不制定一个完整而精密的预案，那么出现意外情况，就不知如何应对；如果根本找不到合适的应对措施，很可能什么事也做不成。

1884年7月3日，华尔街一家创办不到两年，专门从事金融资讯服务的小公司——道·琼斯公司，在其编辑出版发行的一份手抄金融小报《顾客午间信函》上，列出了它的主编道先生计算的纽约股票交易所11种具有代表性的股票的收市价格的平均数，这就是第一个道·琼斯指数。

道·琼斯公司创办于1882年11月，创办人是两个年轻的华尔街记者——道和琼斯。道出身于农民家庭，16岁时进一家小报打工，开始记者生涯。据他自己说，在此之前他干过20多种工作。28岁时他与报社同事琼斯一起到纽约求发展，这时的他，已经在经济分析方面小有名气了。31岁时，道和琼斯商议决定，离开当时华尔街最有影响的大报，自立门户，办一份专门刊登股票市场消息及分析的小报。他们制定了一个完整的预案，初步预计在13年之内要有一个目标实现。出于专长组合与资本的考虑，他们首先是技术人才方面的结合，再一个是资金方面的融合，只有这样才能在这两个主要方面不会受掣肘，于是两人便拉来前同事伯格思垂瑟入伙。

在为公司取名时，他们三人觉得"道、琼斯和伯格思垂瑟"听起来不那么顺耳，因此决定以"道、琼斯和同伴"来作为公司的名称。1896年5月26日，他们在《华尔街日报》上发表第一个道·琼斯工业股票指数。开始时，道琼斯股票的指数公布是不定期的。从1896年10月7日起，才开始定期公布。

1900年，他们的公司遭到了同行业的挤兑，但是他们并没有因此害怕。而是以专业的股评知识和良好的声誉有力地反击对方，得到了更多的认同。

1916年10月4日，道·琼斯工业股票指数所含股票扩充为20种。1928年10月1日，道琼斯工业股票指数所含股票扩充为30只。他们早已实现了预案中的初步计划，比初步预计的时间整整提前了一年。

道·琼斯的成功与他们当初制定的预案有一定的关系。有了预案也就有了准备，可以应付各种突发事件。预案是达到目标和计划的重要凭借，凡事不能没有预案，缺少行动预案，否则遇到突发事件，常会搞得手忙脚乱，影响目标的达成和计划的实施。

制订计划，避免"眉毛胡子一把抓"

制订计划，不要毫无头绪地做事情。

　　繁忙的工作任务、沉重的压力以及责任，是否让你觉得工作杂乱无章、缺乏效率，如何改变这种状态呢？每天制订工作计划！工作计划就是对即将开展的工作的设想和安排，如提出任务、指标、完成时间和步骤方法等。有了计划，工作就有了明确的目标和具体的步骤，就能增强工作的主动性，减少盲目性，使工作有条不紊地进行。

　　理查斯·舒瓦普是伯利恒钢铁公司的总裁，这是一家拥有十几万名员工的大型跨国公司，每天的各种工作就像雪片一样，舒瓦普整天忙来奔去的，越来越感到力不从心，更为公司的低效率担忧。怎样才能改变这种状况呢？舒瓦普左思右想、一筹莫展，最后决定向效率专家艾维·李寻求帮助，希望对方教给自己一套可以在单位时间内完成更多工作的方法。

艾维·李对舒瓦普说："好！我只用十分钟就可以教你一套至少可以把工作效率提高50％的最佳方法。如果你觉得方法确实管用的话，到时你就给我寄一张支票，并填上一个你认为合适的数字。"是什么方法让艾维·李对自己如此有把握呢？他给出的方法是"你今晚需要做的事情是把明天要做的工作计划一下，按重要程度编上号码，最重要的排在首位，以此类推。明早一上班，马上做第一项工作，然后再做第二项工作、第三项工作……直到下班为止。"

一周后，舒瓦普填了一张2.5万美元的支票寄给了艾维·李，因为他在这一周的时间内整整做了原来两周才能做完的工作。舒瓦普解释说："是的，艾维·李确实已经教会了我提高工作效率的秘诀，我认为这2.5万美元是我经营这家公司多年来最有价值的一笔投资！"

舒瓦普的事例告诉我们，做好工作计划对于提升工作效率具有显著的作用。那些善于制订计划的人，即使面对再繁杂的事务，也能够应对自如。许多颇有名气的商界精英将凡事多做计划、先思考后行动、磨刀不误砍柴工列为公司成功的重要原因。

关于计划的重要性，美国作家阿兰·拉金在自己的著作《如何掌控你的时间与生活》一书中说："一个人如果做事缺乏计划，靠遇事现打主意过日子，他的生活就只有'混乱'二字，这也就等同于计划失败。相反，有些人每天早上就计划好一天的事情，然后照此实行，他们是生活的主人。"

山田本一原本是一名名不见经传的日本运动员，后来他在1984年东京国际马拉松邀请赛、1986年意大利国际马拉松邀请赛上先后出人意料地夺得了世界冠军，一时间轰动了整个世界。当记者问山田本一凭什么取得惊人的成绩时，不善言谈的山田本一用了一句话回答：用智慧战胜对手。当时许多人都认为山田本一是在故弄玄虚，毕竟马拉松比赛是一项非常考验体力和耐力的运动。

十年后，这个谜终于被解开了，山田本一在自传中说："起初比赛时，我总是把目标定在四十多公里外的终点线上，结果跑到十几公里时我就疲惫不堪、力不从心了。后来，我把目标进行了细化。每次比赛之前，我都要乘车把比赛的线路仔细地看一遍，并把沿途比较醒目的标志画下来，比如第一个标志是黄色的房子、第二个标志是一棵大树……这样一直画到赛程终点。比赛开始后，我就奋力地向第一个目标冲去，抵达目标后，我又以同样的速度向第二个目标冲去，在四十多公里的赛程中，我的情绪一直很高涨，如此便能轻松地跑下来了……"

山田本一说的不是假话，众多心理学实验也证明了他的话。心理学家给出这样的结论：当人们的行动有了一个明确计划，并能把自己的行动与计划不断地加以对照，进而清楚地知道自己的行进速度与目标之间的距离，行动的动机就会得到维持和加强。

确实，人生需要计划，但这些计划要像上楼梯一样，一步一个台阶走。大计划未雨绸缪，小计划查缺补漏。把大计划分解成多个易于达到的小计划，这样才能充分调动自己的潜能，脚踏实地地向前迈进，并走得更稳、走得更远。

还有这样一个故事，尹梦把所有的精力都放在了音乐创作上，她梦想有朝一日做一名出色的音乐家，但由于缺乏足够的经验，对音乐界有些陌生，她发展得并不顺畅，时常不知道下一步该如何走，一会儿雄心万丈，一会儿随波逐流。

"唉，我甚至不知道自己下个星期该做什么？"尹梦将自己的迷茫倾诉给了大学老师。

"想想你五年后在做什么？"老师突然问道，"别急，你先仔细想想，想好后再说出来。"

沉思了几分钟，尹梦回答道："五年后，我希望能有一张唱片出现在市场上，而且这张唱片很受欢迎，可以得到许多人的肯定。"

"好，既然你有了明确的目标，我们就把这个目标倒着看。"老师继续说道，"如果第五年你想要拥有一张属于自己的唱片出现在市场上，那么第四年就需要跟一家唱片公司签合约，第三年就需要有一个能够证明自己实力、能说服唱片公司的完整作品，那么第二年就需要有一个相当棒的作品开始录音了，第一年就需要把你所有要准备录音的作品全部编好曲，第六个月就需要筛选出准备录音的作品，第一个月就要把当前这几首曲子完工，第一个礼拜就需要先列出清单，排出哪些曲子需要修改，哪些需要完工，对吗？"

听了老师的话，尹梦如梦初醒，高兴地大喊："对！我现在已经知道要做什么了！"

问一个人有什么理想，很多人都能不假思索地脱口而出。但若问他们是怎样规划的，很少有人能详细地给出答案。计划太大，就容易感觉什么都可以做，但又什么也做不了。

困惑的时候，不妨静下心来问问自己，五年后最希望自己做什么？然后给自己的人生定一个规划，然后细化。只要确实做好了相关的计划，就能知道自己到底该怎么做。

第五章

创新：不剑走偏锋，如何能绝处逢生

成功的人多是独创新路的人，"善辟蹊径，走出新道"是创业成功的法宝。

想做不寻常的人，先走不寻常的路

悦 读

不寻常的人走的一定是不寻常的路，

成功的人都有其独特之处。

兵家有云："将三军无奇兵，未可与人争利，凡战者，以正合，以奇胜。"司马迁《史记·货殖列传》中也有"治生之正道也，而富者必用奇胜"。在实际生活中，有许多商人就是经营一些独特的商品致富的，换句话说就是，他们善于独辟蹊径，走出了一条崭新的经商之道。

很多人对独辟蹊径不能理解，其实独辟蹊径说到底就是创新，即不要固守着旧的思考模式，而是要不断地花费时间来寻找一个全新的模式或者独特的方法来最大程度地改变生活，走属于自己的路。当然，走自己独特道路的时候难免会遇到各种困难，但是只要认准了就不要轻易回头，勇往直前，一定可以达到成功的彼岸。

约翰劳斯出生于美国西部，小时候家里很穷，上不起学。所以他很早就出来打工了，在乡下一个火车站工作。由于车站很偏僻，乡镇里面的居民买东西很困难，而且东西的价格又高。他们不得不经常写信给外地的亲朋好友，让他们帮忙代买，真的非常麻烦。

约翰劳斯就想，如果自己能在附近开一家店铺，卖一些生活用品，肯定能赚钱。可是，当时的他没有资金，更没有房子做店面，怎么办呢？他想来想去，最后决定用一种全新的、无偿的邮购方法。先把商品名字做成目录，然后把目录寄给客户，再按客户的要求把购买好的商品寄给他们，从中获取一些利润。

约翰劳斯雇用了两名联络员，成立了"约翰劳斯通信贩卖有限公司"，人们纷纷仿效约翰劳斯的运营模式，并从美国风靡到了全世界，约翰劳斯也得到了丰厚的回报。

不得不说约翰劳斯是一个聪明人，他独辟蹊径，走出了一条属于自己的成功之路。经商，是一门学问，更需要创新，有自己独特的经营技巧，能够走出独具一格的新路。如果只是跟随别人的脚步，那就只能做"第二个吃螃蟹的人"。

还是在美国，有一个叫罗宾的糖果商，他拥有一家糖果工厂和几家小店，在大公司的压制下，罗宾的销售状况非常不理想。罗宾虽然使出了全身解数，但还是收效甚微。罗宾整天都在想着如何才能让小孩子都来买他的"香甜"牌糖果。

直到有一天，罗宾看到一群孩子玩游戏，立刻被吸引住了。那是一个"幸运糖"的游戏，规则是把几颗糖果平均放在几个口袋里，由其中一个人把"幸运糖"，也就是把一颗大一些的糖放进其中某个口袋里，不让别人看见，然后大家随意选一个口袋。拿到"幸运糖"的小孩享有特权，能够扮演皇帝的角色，其他人只能扮演臣民的角色，每人要上供一颗糖……看到此情景，一个灵感闯入罗宾的脑海，他欣喜若狂，在思考了很长时间后，做出了一套宏伟的计划。

当时，美国的许多糖果是以1分钱的价格卖给小孩的。于是罗宾就在糖果包里包上1分钱的铜币作为"幸运品"，并在报纸、电台打出广告："打开，它就是你的！"这一招非常奏效，如果买的糖中包有铜币的话，就等于完全免费，孩子们都喜欢买来吃，罗宾还把"香甜"这个名字改成了"幸运"。

除了加紧生产糖果之外，罗宾还不惜一切代价找来许多经销商，还大肆进行广告宣传，将"幸运"糖描绘成一种可以获得幸运机会的新鲜事物，创造出众多个可爱的小动物形象作为标志，深受人们的喜爱。

罗宾的奇特方法让罗宾糖闻名全国，销量更是迅速涨了几百倍。没过多长时间，其他糖果商见罗宾糖销量如此好，就蜂拥而上，纷纷模仿此法。可是，罗宾又改变了竞争策略，他在食品中放上其他物品，诸如文具、连环画、手枪玩具等，就是这样的方法，让罗宾糖的销售量始终处于同行前列，罗宾也拥有了800多万美元的资产。

罗宾虽然只是用了一些小玩意儿，可是却给自己带来了一笔巨大的财富。可见很多时候，要想扭转不利的局面，就必须要创新，独辟蹊径，找出一条可以突破重围的生路。

用创意开辟人生的第三条路

悦 读

创意造就机遇，机遇成就个人。

　　有创意才会有机会，创意将思路突破，机遇才会出现。卡耐基认为，思想是一个人完全能控制的东西。因为思想会受到周围环境的影响，所以必须有一套科学有序的流程控制这些影响因素。创意不会一下子迸发，而是需要耐心地去钻研。

　　日本东京有一家名为新都的理发店，这个店的生意特别好，每天都爆满。

　　这家理发店是依靠什么招数来吸引顾客的呢？有个人对此十分好奇，便去打探个究竟，最后发现其生意兴隆是靠"出租"女秘书。

　　这个新颖的创意源自发生在这个理发店里的一个小故事。

　　那是一个狂风暴雨的下午，一位顾客来到理发店里理发。理到一半，忽然手机响了，原来是老板让他马上将一份拟好的协议打印出来，立即送到客户的公司。这可急坏了那位顾客，望着窗外的大雨以及镜子里刚理了一半的头发，他感到很为难。思考再三，他最后决定放弃理发，冒着大雨去打印社打印协议，结果在客户面前显得极其狼狈。这件事被人们当成了茶余饭后谈论的笑话，却也点醒了理发店老板。于是，一个全新的服务项目诞生了。

经过一番精心策划，该店雇用了一位专门办理贸易手续的专家、一位日文打字员、一位英文打字员、一位英文翻译以及两位办理文件的女秘书。如果顾客是携带文件来的，那么在理发的这段时间里，该店的女秘书可以帮助整理文件；如果顾客着急打印文件，不出理发店就能轻松完成；如果需要办理贸易方面的手续，那么店里的专家可以帮忙。顾客在等候或理发时也可以办公。

这个新型服务项目推出以后，很快就吸引了那些总是工作繁忙的顾客。他们觉得来这里理发，不仅能够享受到难得的放松机会，而且还能够将手上的工作及时地处理掉，一举两得。新都理发店倚仗这一特色服务，营业额翻倍地增加。

这是一个创意者生存的时代，这家理发店打破传统的服务模式，增加多种新型的服务项目，极大地方便了顾客，取得了成功。创意是通向富有的捷径，企业家的高低优劣之分也往往由此而生。茫茫商海，千帆竞渡，只有那些出奇制胜的水手，才能抵达成功的彼岸。

赵匡胤还未做皇帝时，是后周的大将军，他执掌军权，权倾朝野，就是皇上也要让他三分，满朝上下的臣子更是无人敢得罪他。

某天，赵匡胤想喝酒，便跑去找主管皇家酒的曹彬，让曹彬给他弄点好酒喝。这让曹彬为难了：皇家酒只能给皇家的人喝，如果给他喝，便违反了规矩，这不是欺主吗？如果不给他喝，一定会得罪他，日后不但自己脑袋搬家，并且还会连累家人。

曹彬突然灵机一动，想到了一个好办法。他先是拒绝了赵匡胤，然后用自己的钱买了最好的酒送到赵家，自己掏钱给赵匡胤买酒喝。后来，赵匡胤做了皇帝，对朝臣们说：周世宗属下，只有曹彬一人不欺主。言下之意，连他自己都欺主，黄袍加身抢了皇位。放谁都喜欢这样的臣子，所以赵匡胤把曹彬当作心腹，对他委以重任。

处在两难境地时，曹彬既没有卖主求荣，也没有刻板地公事公办，而是选择了第三条路。既保全了声誉，又保住了性命，还为日后的发展奠定了基础。

创造性思维告诉我们，"非此即彼"的选择不一定是最好的选择，或许第三条路才是最佳的选择。不要哀叹时运不济，至少我们还拥有智慧。一个尚未有人注意到的领域里，或许应该说，尚未有人敢打主意的领域，机会可能更多。遇到问题时，要学会思考，用创意开辟人生的第三条路。

时刻想着赚钱，才会有更多赚钱的灵感

悦读

写作需要灵感，赚钱也需要灵感。

时刻想着赚钱的人，能激发出更多赚钱的灵感。

　　想要把握商机，必须要懂得捕捉灵感。好的灵感，对于成功创业有非常大的意义。判断一个灵感的价值，需要看这个灵感的可操作性有多强。一般而言，操作性越强，价值就越大。

　　想要在市场上打拼一片天地，创业项目越独特越好。现在是市场经济，商机大家都想把握，这就需要有敏锐的眼光去捕捉。成功的经商者，一般都是善于捕捉创业灵感的人，是生活中的有心人。

　　有这样一个小故事，讲的就是一个年轻人如何捕捉灵感、分析商机的故事。

　　在一个贫穷的小村里，能让人们挣钱的资源少得可怜，只有一些石头可以卖钱。有人便把石子运到路边，卖给建房子的人。

村里有一个年轻人，满脑子稀奇古怪的想法，他觉得这样挣不到多少钱，想换种方法卖石头。他发现村里的石头奇形怪状，觉得造型不错，就把石头雕刻成各式各样的装饰品。两年后，他成为村里第一个盖起瓦房的人。

后来，由于政府不许开山，只许种树，这儿成了果园。村民们种的梨汁浓肉脆，纯正无比，销往世界很多国家，不久这儿就成了附近有名的小康村。不过这个年轻人却卖掉了果树，转而种柳树。他发现，来这儿的客商不愁买不到好梨，只愁买不到盛梨的筐。三年后，他成为村里的首富。

再后来，一条铁路从这里横穿而过，村民们也由单一的卖水果转向了做果品加工及市场开发。就在一些人开始集资办厂的时候，还是这个年轻人，他在显眼的地方砌了一堵三米高、百米长的墙。这堵墙面向铁路，两旁是一望无际的万亩梨园。坐车经过这儿的人，在欣赏盛开的梨花时，会突然看到四个大字：可口可乐。据说这是附近最早的广告，年轻人凭借这堵墙，每年都能赚到一笔可观的收入，而且广告费用还在逐年提高。

这个故事告诉我们，并不是缺少挣钱的机会，而是缺少挣钱的灵感。之所以有那么多穷人，是因为他们不善于捕捉挣钱的灵感。

有人的地方就有需求，有需求就有市场。总有人抱怨市场竞争激烈，各种创业项目处于饱和状态，这或许是事实，但是依旧有很多人有独特的眼光，能抓住灵感。

有一家宾馆，为了方便汽车出入院子，在门前做了弧形的坡道。每到下雪天，坡上总会残留部分积雪，很多人在这儿滑倒，车也经常打滑。

老板看到这种状况，就对负责接待的组长说："如果再让我看见客人下雪天在这里滑倒，你就卷铺盖回家！"

组长一直只顾着扫雪，并没有想出很好的解决办法。直到有一天，他看见那种防滑的雨靴下面是一条条横纹，突然灵光一闪。于是便找来一位工匠，希望工匠能在不破坏地面整体的前提下在坡道上凿一些横纹。从此，人和车上下坡时再也没打过滑，这家宾馆的生意也越来越红火。

很多故事告诉我们，当出现问题时，如果无法改变事实，那可以改变对事情的看法。勤于思考的人，更善于捕捉灵感。

要懂得分析，商机就在身边，需要你去发现。成功的通道，也许就在你的一个爱好、一个发现、甚至一次异想天开中。并不需要什么传奇经历，只要善于观察生活，善于捕捉灵感，一样可以走向成功。

不按常理出牌，出奇制胜

不要墨守成规，不要被旧观念束缚。

　　无论做人还是做事，都不要墨守成规，一条路走到底。东方不亮西方亮，做事前必须考虑清楚，有些事采用不同的方法，能取得不一样的效果。

　　北京公主坟附近，有一家著名的高档服装店，其经营的商品不但新潮时尚，而且大多都是世界著名设计师设计的，虽然价格昂贵，但生意却十分火爆。

　　一日，时装经营部的经理到店里查看工作，一不小心，手上燃着的香烟头将一条高档呢裙烧了一个洞。这条裙子价格不菲，如果减价处理，会给时装经营部造成不小的损失；如果用织补法补救，也许能够蒙混过关，但却有欺骗顾客之嫌，会严重影响经营部的信誉。

这位经理突发奇想，干脆在小洞的周围让营业员又挖出许多小洞，请了一位技术老练的服装师对裙子进行精心装饰，然后将其命名为"凤尾裙"，并当作样品摆放在那里，准备看看效果如何。

没想到，有许多女性都看上了"凤尾裙"，甚至有好几位预交了定金，指定要购买"凤尾裙"。

于是，销售部经理就直接与生产厂家谈判，要定做"凤尾裙"，并申报专利。"凤尾裙"投放市场后，销量甚好，该时装商店也更加出名了。

如今，这位销售部的经理已经成了销售"凤尾裙"的总经理，并在全国各地开了许多连锁店。

一件原本要报废的服装，经过独特的思维创意，却成了争相购买的新宠。销售部经理只是采用了与众不同的营销策略，不但挽回了损失，还给自己开辟了一条财路。

因此，在创业中，要充分发挥自己的想象力，不要拘泥于传统的思维模式。当遭遇瓶颈，难以突破的时候，就需要从固定的思维模式中跳出来，用创新的眼光看待问题，用拓展的思维分析问题。

具体来说，可以从三个方面入手。第一，不要被束缚，要学会从反面看待问题；第二，不要迷信经验，要敢想、敢做；第三，提升能力，脚踏实地。

《羊皮卷》中有一段写得很精辟，"说实在的，经验确实能教给我们很多东西，只是这需要花太长的时间。等到人们获得智慧的时候，其价值已随着时间的消逝而减少了。结果往往是这样，经验丰富了，人也余生无多。经验和时尚有关，适合某一时代的行为，并不意味在今天仍然行得通。"

不仅不能迷信经验，还需要在走出经验牢笼的同时敢想、敢做，有了创新的思维，还要有积极的行动。只有这样，才能突破现有的障碍，找到新的发展道路。

要做到跳出思维看问题，找到创新的点子，从生活和工作中学习，不断提升自身的能力，凭借自己将想法付诸实践，脚踏实地地找到实际可行的方法。

与众不同才成功，不是成功后才与众不同

与众不同的视角，能发现生活中机遇的踪影，

只要比别人多想一步、多走一步，

就能把它抓在手中。

　　创新是一个人最有价值的优势。当今的社会是一个信息的社会，起决定作用的是资源丰富的大脑。如果你想让自己跟上时代的步伐，创新便是你的优势。

　　遇事要头脑冷静，面对问题要思维灵活，解决问题要机动多变，总是能找到多种方案的，充分培养、发挥自己的创新能力。

　　威廉在英国的大英图书馆当馆员，收入不高，再加上家里很穷，所以尽管威廉头脑灵活，做事也勤奋，但还是一无所有。

　　这一年，让他发财的机会来了。

　　英国的大英图书馆老馆由于年久失修，不能再藏书了，政府选了新地址建了

一个新图书馆。

启用新馆时，馆长犯了难，因为要想把老馆的图书运到新馆，搬运公司要求支付350万英镑的运费，图书馆哪有那么多钱？

威廉得知这个消息后，就找到馆长："馆长大人，完成这项工作，馆里还差多少钱？"

馆长说："我们只有150万英镑，还差200万英镑。"

"我倒有一个主意，150万英镑足够搬家了。"威廉说。

"什么主意呀，快说出来？"馆长很着急地问。

威廉说："不过我有一个条件。"

"什么条件，说说看？"馆长更着急了。

"我就用这150万英镑搬家，假如有剩余，那么就要把剩余的钱给我。"

"这个不是问题，只要你用150万英镑把书运到新馆，剩余多少钱都是你的。"馆长肯定地说。

"你要是同意的话，我们就签订个合同。"

合同签订好之后，没多长时间，威廉真的把图书馆的书给搬完了，花了不到50万英镑。

原来，威廉在报纸上刊登了一条消息："从今日起，大英图书馆的图书可以免费、无限量向市民借阅，但必须在规定的时间内还到新馆去。"

就这样，威廉轻松地赚了100万英镑。他用赚来的100万英镑投资了电信业，据说，现在他的后辈是英国电信的大股东之一。

威廉本来一无所有，但只是一个创意，就让他有了投资的资本。有时候，再难的问题也能找到解决它的办法，只需开动自己的脑筋，一切问题都不再是问题。

你可能一无所有，但只要你有创意，你就很可能会无所不有。

乔治·贝朗出生在法国巴黎一个贫困的农民家庭。13岁那年他独自一人外出打工谋生，没有一个工厂敢雇用他，因为他太小了。在外流浪几年后，他来到一个贵族家庭，苦苦哀求贵妇人留下他，最后他在厨房里做了一个勤杂工。杀鸡、杀鱼、拖地、扫厕所，他要完成所有脏活累活。每天至少要工作12个小时，但工资连一只鸡都买不到，不过他觉得很满足。他一直都省吃俭用，把辛苦赚来的钱攒起来，来维持贫困的家庭。

这样的日子没有维持多久，一天半夜，乔治睡得正香，外面传来一阵急促的敲门声。原来第二天一早贵妇人要去参加一个约会，叫乔治把她的衣服拿去熨一下。由于没休息好，实在太困了，他一不小心把煤油灯打翻，油滴到了衣服上。

乔治被彻底吓傻了，这件昂贵的衣服估计他打一年工都赔不起。贵妇人坚决要求他白打一年工作为赔偿！乔治相当地懊恼，他给贵妇人白打一年工后，得到了那件昂贵的衣服。

他知道如果母亲知道这件事情一定会非常伤心，所以便把这件衣服作为对自己不再犯错的警示挂在窗前。

有一天，他突然发现挂在窗前的那件衣服被煤油浸过的地方不但没有脏，反而原来的污渍没有了。经过许多次反复的试验，乔治在煤油里加入一些化学原料，经过不懈的努力，研制出了干洗剂。

乔治离开了这里，准备把他的发明应用到实际，于是就自己开了世界上第一家干洗店。

乔治的生意相当的红火，短短几年时间他就成为了世人瞩目的"干洗大王"。现在，他的干洗店分店遍布世界各个角落。人们在享受干洗剂带来的好处的同时，也记住了他的名字——乔治·贝朗。

乔治的经历向我们展示了一个显而易见的道理，创新是一个人博弈的资本，要想成为成功的人，必须具有创新思维。但很可惜的是，像乔治这样勇于创新、主动求变的人却并不多见。

思维决定命运，人生的价值常常体现在创意中。一个人有什么样的思想，就会有什么样的行动；有什么样的行动，也就会得到什么样的结果；有什么样的结果，就会有什么样的命运。与众不同才成功，不是成功后才与众不同。

剑走偏锋

悦 读

不剑走偏锋，如何能绝处逢生？

    热门行业难以立足的时候，不妨转变一下，看看有没有适合转型的冷门行业。避开热门项目，挖掘冷门市场的潜力，是一个很好的选择。热门项目竞争激烈，市场利益分配相对已经成型，利益空间不大。创业者由于自身实力限制，无力打破原有的利益分配格局，在相对成熟的市场竞争中少有优势。因此，剑走偏锋是一个很好的选择。

    1994年，王建成从学校毕业后在一家公司里做建筑工程，6年的工作生涯使他积累了一定的资金和经验。2000年，他走访市场，觉得家庭装修是一个前景广阔的产业，于是决定辞职下海创业。

经过多方面的考虑，王建成选择了雅丝窗帘开始自己的创业之路。2000年6月，他在杭州一家家私市场开设了他的第一家雅丝窗帘店。店面13平方米，总投入才2万元。

火爆的生意令王建成自己都感到吃惊，开张第一个月，营业额近5万元，扣除成本，净赚1.5万元，此后每个月的营业额都稳定在5万元左右。

初次创业就大获成功，王建成对自己的经商才能充满信心，认为自己做任何生意都能成功。2001年年初，为了把生意做大，王建成决定投资卫生洁具。

很多朋友都劝他，卫生洁具市场竞争激烈，商家多，贸然进入风险很大。王建成不听朋友的劝告，孤注一掷，将所有家当都投了进去。

半年多的时间，20多万元的货压在店里卖不出去，每天还要支付昂贵的租金和一些其他开支，不但没有挣着钱，还欠了一屁股债。

遭遇重创的王建成，分析了成败得失之后，认为自己的失败主要在于没有做好市场调查，没有认真分析市场需求。经过几个月的筹划，他选择了当时不被看好的新品滑动门和琉璃坊。铝钛合金滑动门是一种替代传统木拉门和塑钢推拉门的产品，可广泛应用于客厅、阳台、卧室的隔离。琉璃坊则为客户提供个性化的琉璃产品，可作装饰也可大面积用于窗户、橱柜等。

2002年5月，王建成的新店开张。一个月的时间，滑动门营业额达到十多万元，毛利4万元左右，琉璃坊月销售额5万元，毛利2万元。没过多久，王建成就又陆续开了6家店。

王建成两起一落的创业故事告诉人们，市场的认可决定着经济利益，热门行业竞争激烈，谁都想在市场的大蛋糕中分最大一块，胜者为王败者为寇。他在热门行业中落败，转变思路，投入冷门行业，站稳了脚跟，转败为胜。

进军冷门行业，要做好为开发市场坚持不懈的努力，不要被一时的冷落击垮，要有打持久战的心理准备。培养自己的分析能力，事先做好文案调查。

小东西也有大利润

聚沙成塔，集腋成裘，无小不成其大。

　　浙江双童吸管公司从一间家庭式小作坊，发展成为全球最大的吸管生产企业和标准制定者。十几年的艰辛和坎坷，只有八个字：小中见大，大中见强。

　　在肯德基、麦当劳等餐饮场所使用的吸管一根能值多少钱？双童公司的总裁楼仲平算了一笔账："一根吸管平均销售价在8厘钱，刨除原料成本50%，劳动力成本15%~20%，设备折旧、物流等费用20%，最后的纯利润大约只有10%。也就是说，生产一根吸管只有8毫钱的利润。"

　　小小的一根吸管，只有8毫钱的利润，一般厂家是不屑一顾的。然而双童吸管公司却深深懂得"一丝一毫当思来之不易"的道理，不厌其小，生产别人不愿生产的"小不点儿"。如今双重公司的产品90%外销，一年的产量占了全球吸管需求量的四分之一以上。世界各地都在用"双童"的吸管，每年能带来500万元的利润。

一些经营决策者的思维限制于"大而全"的模式中，弃小追大。一窝蜂挤上一条道，很容易在一棵树上吊死。市场是多元化的，消费需求也是多层次多方面的。别人争大，我们不妨以小见大，像浙江双童吸管公司那样，推出一些看起来赚钱不多，别人看不上眼，不大愿意生产的边缘商品和配套产品，达到与主导产品的最佳匹配，同样也能赚大钱。

中国无锡有个"麻花大王"王永之，52岁退休那年，他靠仅有的1000元积蓄，做起了炸麻花的小生意。王永之从小就学得一手炸麻花的好手艺，他炸出的麻花又大又脆，吃过的人都赞不绝口。可是他家比较偏僻，每天炸出的麻花全靠在家待业的女儿骑自行车送到几十公里外的车站去卖。虽然王永之每天炸上百根麻花没有问题，但女儿卖的有限，生意就一直不温不火。

一天，王永之看到女儿比平时回来得早很多，诧异地问："今天麻花怎么卖那么快？"女儿说她把一箱麻花托给火车站卖雪糕的大妈卖，每根让利2角钱。自己驮着另一箱麻花到车站广场卖，很快就卖完了。看着女儿得意的样子，老王来了灵感，对女儿说："如果咱们就管炸麻花和送麻花，这生意不就做大了吗？"

不久，麻花的零售点就遍布全市，老王的麻花供不应求。随着市场的逐步扩大，老王在别人的帮助下，租了厂房，购买了设备，建立了一个现代化的麻花生产企业。几年里，老王靠麻花生意赚了几百万元，他"麻花大王"的名气越来越大，腰包也越来越鼓了，成为远近闻名的百万富翁。

浙江双童吸管公司和"麻花大王"王永之的成功有一个共同点，那就是"特"。浙江双童吸管公司的吸管是一种比较特殊的商品，很多行业都会用到；"麻花大王"王永之的麻花则是有着自己的特色，好吃，深受消费者喜爱。

"特"是市场竞争出奇制胜不可或缺的一大法宝，能吸引人的眼球。企业应该树立现代营销理念，广开渠道，利用多种方式积极宣传产品特色，努力扩大品牌产品的知名度，积极参与各种可以展示产品的平台，用小商品也能成就大事业。

市场空白点

在竞争激烈的市场中寻找空白点，
将它开发成新的市场。

　　生意人若想避开激烈的竞争，将生意做出名堂，就要学会寻找市场空白点，做人无我有的特色生意。因为特色生意相对来说经营者少，竞争力小，属于新生事物，容易引起人们的注意。

　　在激烈的市场竞争中，谁能最早找到市场中的空白点，并抢先占领空白点，谁就能够抢得先机。市场空白点是一个大有可为的区域，关键就在于你是否具备发现它的头脑和眼光。

　　有两个商人去一个地方收购茶叶，因为茶叶走俏，商人甲就抢先一步，将当地的茶叶收购一空。商人乙晚来了一步，错过了收购茶叶的好时机，不过他将当地的茶篓尽数购来。后来，商人甲再来此地购买茶叶的时候，不得不出高于平时数倍的价格从商人乙手中购买茶篓来装运茶叶。商人乙善于"钻空子"，想别人所未想，行他人所未行，找到别人漏掉的地方，人为地制造市场的空缺。

寻找市场空白点是在遵守市场游戏规则的前提下赢得竞争的诀窍，"大众甲壳虫"系列汽车的推出就是寻找市场空白的经典案例。"甲壳虫"从外观上看上去，车身短小，外形小气，从远处看，又很像一只虫子，在强手如林的美国车市似乎难有立足之地，然而它的广告却确定了它不可撼动的市场地位："请往小处想，小有小的好处。不管多么拥挤，你都可以找到车位；交通堵塞时，别的车都只能望车兴叹，只有你的甲壳虫可以左右穿梭，在时间就是金钱的时代，为您节省时间；而且小的造型可以省油，为您节省金钱。"结果，"甲壳虫"汽车一上市就大出风头，席卷美国市场，就因为它更贴近人们的生活，更能适应市场的需求。

从上述案例中我们能够看出，巧妙地利用好市场空白是把握商机的绝佳方法。准备创业的人在选择行业的时候，不妨先仔细观察、分析一下当前的市场，找到市场空白，这样往往能够事半功倍。那么，要怎样寻找市场空白呢？

要寻找市场空白，就要有全新的商业创意。可以将重点放在一个较小的、服务不足的、竞争力小的市场上。并且将一种独特的、较好的产品或服务带入这个市场中，也就是通常所说的市场缝隙。

在找到市场缝隙之前，面临的最大挑战和风险就是能否正确识别并确定市场缝隙，这需要仔细评价和确定市场的规模。假如找到的市场缝隙并不是持续、明确的市场细分，而且不足以大到给企业带来丰厚的利润，那么就没有必要投入太多的精力。

我们可以从这几个方面寻求市场空白：

一、短缺。物以稀为贵，短缺是经济洋行盈利第一动因，空气不短缺，可在高原或在密封空间里，空气也会是创业赚钱商机。一切有用而短缺的东西都可以是创业赚钱商机，如高技术、真情、真品、知识等。

二、时间。远水解不了近渴，在需求表现为时间短缺时，时间就是创业赚钱商机。飞机比火车快，激素虽不治病却能延缓生命，就属于这种。

三、价格与成本。在需求满足的条件下，能用更低成本，低价替代物的出现也是创业赚钱商机，如国货或国产软件。

四、方便性。花钱买方便，超市、网店、手机等都属于这种。

五、通用需求。人们的生存需求如吃、穿、住、行等每天都在继续，有人的地方，就有这种需求。

第六章

挑战：胆量有多大，路就有多宽

"不入虎穴，焉得虎子"，人生就是一场博弈，只要敢闯敢
拼，敢于吃苦，就能增加自己成功的筹码。

一没钱二没势，还不赶紧去拼本事

放下那些对你来说"生来不公"的包袱，专注自己，培养自己的本事，

才是立足于这个世间，获得真正发展的硬道理，

不要让"没有依靠就没有成功"的局限限制你的行动，阻拦你的梦想。

时下有一句很流行的话是这样说的：今天的社会，学习好不如长得好，长得好不如嫁得好，嫁得好不如有个好老爸。

近年来，各种匪夷所思的依仗"家庭背景"横行霸道的悲喜之剧，使得"拼爹"行径愈演愈烈。这给很多没钱没势的家庭带来不少困扰，多少学子为争考公务员，一次又一次见识到"官二代"的优势，生怕自己在面试的时候没有"关系"，望而却步；多少艺术梦想者希望自己的艺术道路精彩，却一次又一次见识到"星二代"的春风得意，再也鼓不起勇气；多少青年想通过自己的奋斗创造财富，却一次又一次见识到自己与"富二代"的差距，怀疑自己努力的价值。

于是，有人就说了，想做官我们拼不过"官二代"，想创业我们拼不过"富二代"，想出名我们拼不过"星二代"，这个社会，没钱没势的我们得拼什么？

"拼本事！"中南大学的校长张尧学在2015年的毕业典礼上对他的学生这样说。

诚然，有个当官的爹，有个有钱的老爸会有更优越的教育条件和更多提升的机会，但是如若本身不努力，不会利用机会铸造自己的本事，即使有个好老爸，又能怎样？

没有人生来就富，所有的财富都是从无到有的。有的人"含着金勺子"长大，可那些财富也是祖辈们沥尽心血获得的，如若不懂得经营，只会让财富流失，所谓"富不过三"说的也就是这个道理。有的人在平凡中成长，但只要自己努力，有了创造财富的资本，自然也能获得财富。在我们身边，有无数白手起家最后变成千万富翁的实例，何境晶就是其中由平凡到不平凡的一个。

何境晶是淘宝网店的一个店长，他利用阿里巴巴创造的淘宝网购平台，在五年的时间里，运用自己设计的"眼袋自制"，从最初的几千元家产变成了一个资产达到8000万的千万富翁。

淘宝是马云一手创立的电商帝国，同样也是300万C2C卖家的高速孵化器，2003年淘宝诞生到如今，成了真正引领电子商务平台的巨头。2008年，何境晶正式进驻淘宝商家，当时淘宝正实施"三年免费"策略，门槛非常低，何境晶等于是零成本拥有了这样一家新兴网店。

淘宝网在2008年时候的架构还十分简单，远远没有现在这么丰富的排序功能和货品陈列，何境晶戏称其为"蛮荒时代"。

据他回忆，当初是女朋友偶尔在网上贩卖一些二手闲置用品，而他的专业是服装设计，他有自己的全职工作。直到他的一个韩国朋友要他帮忙推销一批库存，他们才开始考虑利用淘宝。

不过，淘宝的工作并未成为何境晶的工作重心，因为每天所卖的东西非常有限，每样东西只能赚到一两元钱，但是每个月可以升一个信用钻，很好地积攒了网店的信用度。

转机来源于何境晶参加的一个以"卫衣"为主题的平台活动，让他们一下子卖了三百多件衣服，他不得不请假回家帮忙。

从那以后，何境晶就很留意各种活动，积极参加，大半年的时间，小店的营业额达到了3000笔，他和女友租下的小屋已经无法容纳货物，只能搬家换到更大的地方。2009年6月，何境晶正式辞掉了服装设计的工作，专门开起了淘宝店，找了一个105平方米的工作室，雇了三名员工，他将这称之为"铁器时代"。

当时所卖的物品，是何境晶自己试着设计的，其中一种"眼袋自制"的产品卖得很好，成了他发家致富的法宝。

2010年4月17日，何境晶正式将小店更名为"眼袋自制"，换上了全新的店名logo。上线当天，销售额从原来的3万～5万一跃变成了12万。随后几年，何境晶一跃成为千万富翁。

这是一个真实的故事，它告诉我们，机会是依靠自己发现的，财富是依靠自己创造的，成功是依靠自己闯来的。

也许你也在感叹房子太贵，买不起；爱情价太高，爱不起；仕途路太难，走不起；创业路太长，赌不起。可是，央视名嘴白岩松说过这么一句话，"没有一代人的青春是容易的，每代人都有自己的宿命、挣扎和奋斗"。他以自己当年独自到北京，不认识任何人也没有任何关系，且在几十年的职业生涯中，从没有为自己的岗位送过一次礼，全凭自己的本事获得了今天成就的实例，告诫大多数没钱没势的人，不要失去对梦想的追求。

这一代人有什么不好呢？可以通过互联网来揭露现实中的不公平，可以通过高考进入高等学府学习，通过国考、省考来做公务员，可以通过大型的选秀节目展示自己……

停止抱怨，抱怨只是在浪费时间，从"没钱没势，人生注定平凡"的思维局限中跳出来。

没人会施舍什么给你，一切只能靠自己

如果你受苦了，感谢生活，那是它给你的一份感觉；

如果你受苦了，还感谢生活，说明你还活着。

　　成功是争取来的，是抢来的，是挑战出来的，是折腾出来的，人生的意义正是如此。没有人会施舍什么给你，一切只能靠自己！

　　在英国，理查德·布兰森比英国女王还有名。他并没有做出什么惊世壮举，只是一个爱好热气球的业余探险家。对他我们或许不了解，但是提到他的公司"维珍帝国"，大家可能都很熟悉。它是英国最大的民营企业，也是世界最著名的公司之一。维珍集团拥有200多项产业，总资产超过70亿美元，理查德·布兰森的个人财富也达到20多亿美元。虽说在商人中他算不上最富有的，也算不上最成功的，但他绝对是最懂得享受生活的。

他的传奇，是一个疯子的传奇。

斯托学校是一所位于白金汉郡的大型公立学校，在这所环境优美的学校中，学生们每天按照学校的要求，严谨而规律地过着学校生活。直到有一天，一个15岁男孩的出现，让这所平静的学校泛起波澜，这个男孩就是理查德·布兰森。

布兰森从别的学校转到这里之后，就琢磨着如何改变学校的规定。在他看来，斯托学校的规章制度不仅死板得像军队一样，而且有些过时的条款简直莫名其妙。例如，当校队在其他学校比赛时，所有不参加比赛的人，必须到现场观看比赛，为学校加油。

他是个喜欢运动的男孩，要不是因为脚受伤，他一定可以入选校队。现在，他不仅不能在校队打球，还要被迫去看每个星期的比赛，这让他感到很不舒服，觉得这纯属浪费时间。他写信给校长，强烈反对强制观看比赛。他在信中表示，学生有权利安排自己的时间。对不愿去看球赛的学生来说，即便是利用这段时间擦擦窗户，也比去看丝毫不感兴趣的球赛更有收获，也更有价值。

他还尝试改变学校的用餐制度，他认为要改善斯托学校，最好从社交开始。学校里的男学生都希望从谈话中得到更多信息，尤其是在吃饭时间进行交谈。但是，在斯托学校，这是不被允许的，人人都有固定的座位，每个人的身边一直都坐着同一个人。他建议食堂允许学生自由选择食物与座位，这样不仅可以降低食物的浪费，还可以减少校内餐厅的服务员。

对于他的建议，校长表现得很平静，不表示接受，也不完全反对。校长告诉他，他可以将自己的观点登在校刊上。校长的建议给了他很好的启示，是啊，为什么不将这些意见发表出来，让所有同学一起反对这些陈腐的校园规定呢？不过，他的这些观点对校刊来说太过"叛逆"了，所以校刊不可能刊登。于是，他有了创办一份观点新颖的杂志的想法。

他联系其他反对这种规章制度的学生，希望能够合伙办一本杂志。达成一致后，他们投入大量精力于即将诞生的新杂志中。

广告费是想要做成这本杂志的资金来源，他先是利用各种渠道联系收集客户信息，最终锁定了200多个知名人士，决定从他们中寻找客户。然后，他又写信给英国最负盛名的书籍连锁店老板怀特·史密斯，希望史密斯能将自己的杂志在书店里上架。

当他将全盘计划制作成一份商业计划书以后，经过反复推敲，他又认为自己规划的生意规模太小，他决定扩大覆盖面，将更多的学校纳入其中。这样杂志就可以面向更多的观众，吸引到更多的广告客户。

在将杂志范围确定之后，他决定为它起名为《学生》，正好符合"学生势力"的潮流，当时经常有学生静坐和示威。启动资金是从母亲那里借来的，他在拿到钱后，用它交了电话费和邮资。

有了创办《学生》杂志的目标，他有了新的动力。他在学校自己的房间里开设办公室，并且请求校长给他装一部电话。这一次校长断然拒绝了他的请求，他只好在公用电话亭打电话。

一番努力，所有人都觉得杂志可以出版了。但是他却坚持不出版，因为他列出的客户中，大多数都不愿冒险在一个不曾出版的杂志上付广告费。聪明的他找到了一个可以吸引他们注意力的方法，他打电话给威斯敏斯特银行，告诉他们他们的竞争对手劳埃德家族银行将要在杂志上做整版广告，问威斯敏斯特银行是否也需要做广告宣传。此外，他还强调《学生》将是英国最大的青年杂志。这种拿竞争对手来吸引广告的方法，他还用在了可口可乐、百事可乐以及《每日电讯报》《每日快报》身上。

《学生》的筹划工作越来越顺利，他的功课却越来越差。他破釜沉舟，丢下一大堆无法通过的课业，将精力全部投入杂志中。他总是信心十足地去谈客户、拉广告，没有一丝的胆怯。

终于，他收到了一张250英镑的支票。尽管数额不大，但毕竟是一份广告订单。而且，一位著名漫画家也同意为《学生》杂志画卡通图并接受采访。

他将更多的时间花在《学生》上，除了古代历史，他放弃了其他科目的学习。他希望可以尽快离开斯托学校，去伦敦开始记者生涯。1967年，17岁的他终于离开了斯托。临别时刻，校长给他写了句意味深长的赠言："祝贺你，年轻人！我想你将来要么进监狱，要么是个百万富翁！"

若干年后，布兰森超出了校长的期望，成为一名亿万富翁。从创办《学生》开始，他就迈向了新的旅程。尽管其中有许多波折，但最终还是登上成功的殿堂。

如果一开始人们知道理查德·布兰森这种敢于挑战传统的做法能带他走向成功的话，相信很多人都会这么做的。或许也有一些人，比理查德·布兰森更早发现这些制度的不合理性，但是他们选择了接受。

很多人的成功，不是因为他们的智商比别人高，也不是他们比别人更幸运，而是因为他们内心燃烧着成功的火焰，他们会紧紧抓住每一个可能成功的机会，用尽一切可以利用的方法，努力走向成功的终点。

告诉自己：不畏强权，不服输

悦　读

只要不服输，失败就不会是定局。

瑞典某一个小镇上，两个男孩一起去商店，其中一个男孩要去给母亲买火柴，另一个小男孩去卖火柴。在去商店的路上，去买火柴的小男孩一直在抱怨很辛苦，路途很遥远，噘着小嘴不断地发着牢骚："我宁愿搭上自己的零花钱，哪怕火柴贵点也不在乎，我可不想让自己的腿受罪。"

"自己不就有多余的火柴嘛，干脆我和他做这笔买卖好了。"卖火柴的男孩想。于是，他和小伙伴"谈判"。很快，双方顺利成交，望着小伙伴欢喜离去的背影，他也感到很高兴。他终于能够自己挣零花钱了，这是他很久以来的想法。

随着不断成长和"做买卖"的经验越来越丰富，他已经不再满足于单笔交易。决定把火柴卖给更多的人，他还配置了自行车，向附近的邻居推销自己的火柴。因为是大批量购入，进货价格很低，他采取薄利多销的模式，在进货价格上稍微提价进行销售，所以买的人很多。

他的火柴价格便宜，而且送货及时，人们都非常喜欢他，他的生意范围不断扩大，于是他决定试试别的商品。他经常询问邻居缺什么用品，还需要什么东西，然后认真地分类记录在自己的本子上。到下次进货的时候，他会尽量满足大家的需求。小镇上的人都亲切地称他为"卖火柴的小男孩"。

他的经营范围逐渐扩大，由火柴发展到吃的、用的、饰品等，包含生活、学习用品等各个方面。每到周末，他都会背着大包，骑着自行车走街串巷地卖东西。每次当他满头大汗地出现在邻居的门前时，不论他们有无需求，他都会热情地和他们交谈，满脸真诚地希望能给他们帮助。他对工作的热情让他忘记了辛苦。

这个小男孩就是后来的世界首富、宜家的创始人——英格瓦·坎普拉德。

宜家一路走过来也不是顺风顺水的。每个行业都有自己的协会，都有特定的行规，如果有谁打破固有的规则，将会遭到其他同行的抵制和打击，家具行业也不例外。

刚刚踏入生意场的坎普拉德面对的是一个保守的行业，他大胆地作出了以展厅式进行销售的决定。将家具分别摆放在两层楼上，按质量分为不同的档次，标明不一样的价格，放在不同的区域。不管什么样的价格，顾客往往都会选择比较贵的那种。

坎普拉德的创新举措让竞争对手恐惧不已。他们纷纷抵制，甚至不惜任何代价，要关停他的展销会。但是，坎普拉德表现得很坚强，他相信自己能够胜利，他不会轻易放弃。

1954年，在一个交易会上，为了使自己的地毯和小挂毯能更多地出售，坎普拉德每天都得接受20克朗的罚款，连续25天从未间断。坎普拉德的坚持是有意义的，人们开始疯狂抢购宜家的商品。这一现象也引起了媒体的关注和报道，更是掀起购物狂潮。

但是，"木秀于林，风必摧之。"宜家的销售盛况激怒了全国家具经销商联合会。他们下达最后通牒：谁要是继续向宜家供货，其他所有经销商将不再采购他的家具。

许多厂家都害怕了，他们不敢和联合会作对，放弃了和宜家的合作。事关企业的生死存亡，坎普拉德知道不能怪对方。但是如此一来，宜家的日子就很不好过了。抵制和封锁将增加公司的生产成本和采购难度，这会导致交货期的拖延和商誉的损失。长期如此，宜家能不被拖垮吗？

不过，由于坎普拉德的良好品行，很多合作伙伴都不忍放弃他，即使困难再多，他们也愿意和他一起面对。在宜家最艰难的情况下，合作伙伴们只是经常改变交货地点，还是勇敢地与坎普拉德站在一起，保持着密切的联系。白天取货有风险，他们就选择在夜晚行动。行会打压得越厉害，坎普拉德和合作伙伴们越坚强、越团结。

坎普拉德也有软弱的时候，当自己一个人时，他也会偷偷掉眼泪。毕竟这真的是个很大的困境，他有说不出的委屈和不甘。拭去泪水之后，坎普拉德考虑得更多的是如何找到彻底摆脱困境的办法。

1952年，家具行业垄断组织的限制规定已经到了无以复加的地步。他们不准各参展企业在展会现场接受订单。几年之后，家具经销商联合会甚至禁止坎普拉德在交易会展出的商品上明码标价。

垄断组织毫不放松，一再寻找机会进行打击，禁止坎普拉德做任何事情，妄图扼杀他的崛起。但是坎普拉德并没有被吓倒，也没有退缩，他依然不断寻找着各种打开市场的办法，行会不允许宜家以自己的名义出现，宜家就以坎普拉德旗下子公司的身份进行展销，或者与值得信赖的供货商合作，甚至依靠对此感兴趣的人都可以。

通过不断的尝试，坎普拉德终于看到了希望。他成立了一系列不同类型的公司，可以扮演买卖双方各种不同的角色。斯文斯卡·希尔科公司成立于1951年，是他的第一家家具出口公司。之后，他又开办了斯文斯卡皇家进口公司、著名的斯文斯卡·森塞罗公司。此外，他还开办了一家名叫海姆塞维斯的公司，专营邮购业务。

坎普拉德开办了许多大小不一、种类不同的公司，所以在一封来自家具经销商联合会的信中，他们称宜家为长着七个脑袋的怪兽，并形象地解释道："你砍掉一个，另一个会立刻冒出来。"

行业联合会的董事们以企业自由化的名义向宜家公开宣战，而在此之前，这些人还在刚刚结束的年会上肯定了市场竞争比计划经济具有更多的优越性。此外，他们还拉欧洲贸易商品保险公司一起来"努力限制此类销售方式"。同时，他们对零售业务也大加贬斥，抨击宜家的行动太猖獗。

坎普拉德不能就这样任他们限制和打击，他必须进行反击。他选择了公布价格，在所有的交易会上宣布宜家的商品价格，让顾客一眼就能看到宜家的实惠。

宜家的连锁店开到了小镇上，只要是能举办交易会的地方都能看到宜家的影子。即使不是用自己公司的名义，宜家也会通过子公司或者其他有资格参加展览的家具供货商的帮助进行交易。

经历了无数困境之后，宜家终于走上了自己的发展之路。

面对势力强大的对手，是什么让势单力薄的坎普拉德顽强生存？坎普拉德就像在夹缝中生存的杂草，面对熊熊烈火无处可逃，随时都有可能被烧成灰烬，可他依然有着"野火烧不尽春风吹又生"的韧劲。正是不畏强权、不服输的精神给了他坚持的力量，使宜家从危机走向转机，最后化危为安，这一点有多少人能做到！

坚持到最后，才能看到努力的结果

悦 读

最有可能实现梦想的人，

不是最有天赋的，而是能坚持到最后的。

　　商机总是留给坚持不懈的人，坚持不懈的人在多年的坚持中，对所做的行业有更多的经验，理解更多，也更加容易获得成功。事实证明，懂得坚持的人，比半途而废的人更加容易成功。

　　"骐骥一跃，不能十步；驽马十驾，功在不舍。"如果因为一点挫折就放弃远大的目标，只能是半途而废，一事无成。创业者要想创业成功，应该时刻提醒自己，只要确定了目标，就一定要坚持下去，哪怕没有人理解，也要咬牙坚持。

　　2014年6月，刚刚大学毕业的冯浩和同学王鹏合伙创立了一家网络公司，主营电子商务。两个年轻人早在学生时代就对这一项目做了大量的市场调查和可行性研究，并制定了非常详尽的策划方案和发展计划。两个人都信心满满，他们相信这一项目有着巨大的市场潜力，如果发展顺利，就一定能够成功。

经过近半年的投入和准备，2015年年初，他们的网站正式上线了。当真正开始运作的时候，两个年轻人才发现，他们想得太简单了。上线之初，尽管网站推出了很多优惠政策，但招商情况却始终不太理想。网站上的商家少，商品不全，自然无法吸引用户，而公司只有两个业务员，冯浩和王鹏不得不亲自上阵，一家一家地谈客户，晚上还要测试网站、更新内容、处理订单，两个月下来，两个人都快累垮了。

辛勤的工作并没有换来网站的好转，到2015年5月，他们的资金已经用光了，还拖欠了员工两个月的工资，网站没有任何起色。面对极度窘迫的处境，王鹏动摇了，他想放弃，并劝冯浩也放弃。但是冯浩坚信网站的发展前景一定会好，只要坚持下去就会成功。又艰难地度过一个月后，王鹏向冯浩提出退股。

冯浩向家里借了一笔钱，清算了股份，又结清了员工的工资以后，已所剩无几。他意识到，网站要想发展下去，资金是首要问题，自己的这点钱无论如何是做不下去的。于是，在跑客户、维护网站之余，冯浩又多了一项工作——找投资。

就这样过了好几个月，冯浩用一份几乎无懈可击的网站发展策划方案和自己的态度，得到一家风险投资商的信任，成功完成首轮融资。资金有了，一切开展起来就顺利多了。

冯浩迅速建立了一个新的团队，经过努力，很快就在电子商务网站中站稳了脚跟，并呈现出良好的发展态势。现如今他已是电子商务圈小有名气的企业家。

而王鹏在退出网站后，进入一家大型网络公司打工，过着普通的工薪族生活。再次见到冯浩，他在惭愧之余也深感后悔："那个时候真的太难了，我无论如何也想不到，离成功只有一步之遥。"

冯浩和王鹏由联盟到分道扬镳，有了不同的人生轨迹。冯浩坚信网站的发展前景，通过自己的坚持，成为成功的创业者；而王鹏却没有继续坚持下去，中途退出，成为一名普通的工薪族。

很多时候，成功和失败只有一步之遥。在创业的路上，挫折和困境都是难免的，商机眷顾那些能够坚持下来的人。大浪淘沙，在绝境中仍能咬牙坚持到底的人，才能成为真正意义上的强者。

不敢冒点风险，就有失去一切的风险

悦 读

一点风险都不冒，

其实是在冒着失去一切的风险。

看到别人工作出色，备受重视和重用，是不是很羡慕？曾经的同事成为自己的上司，是不是感到心理不平衡？看到别人功成名就，而自己还一事无成，是不是感到很沮丧？

事实上，不用羡慕，不用心里不平衡，也不用很沮丧，而该好好地问问自己，遇到难以克服的困难时，是不是为了维护自身安全和既得利益，不敢去做哪怕是一点点的尝试，畏首畏尾，甚至选择了逃避？

王斌和牛彭大学毕业后，一同任职于一家印刷公司，担任技术专员。刚开始两人没有太大的差别，可是半年后，牛彭晋升为主任，王斌却被老板辞退了。

事情是这样的，公司从德国进口了一套先进的排版设备，老板嘱咐王斌和牛彭好好地研究一下，争取一个星期内投入使用。王斌一看说明书都是德文的，连忙推诿说："我对德语一窍不通，看不懂说明书，我不会用。"牛彭自然也知道这是块"烫手山芋"，但他还是接了下来，并夜以继日地研究。不懂德文，他就请教老师与朋友，或者在网上在线翻译。新设备中有不明白的地方，他就通过电子邮件向德国的技术专家请教。没几天，他已经熟练掌握了新设备的使用方法。在他的指导下，同事们也都很快学会了。

知道牛彭不会让自己失望，老板总是把重要的、难度大的工作交给牛彭完成，而把一些无关紧要的工作交给王斌。牛彭做得多、学得多，逐渐成为公司离不开的人；而王斌做得少、学得少，显得很多余，被开除在所难免。

在大多数人看来，一个星期内掌握运用一个只有德文说明书的新款设备是不大可能完成的任务，难度很高，风险很大，所以王斌不敢接受，结果葬送了自己的前途，被公司开除。而牛彭却积极应对挑战，主动解决问题，最终成为老板青睐的人。

每个人都渴望机遇的到来，面对困难，拿出勇气，只要有胆量去试，就有可能将其打开，风险和机遇成正比，高风险意味着高回报。

那些在自己所在的领域成为领袖的人物，他们之所以具有与众不同的魅力，之所以能够成为顶尖人物，并不在于他们掌握了多么广博的理论，也不仅在于他们的能力有多么出众，而是他们魄力十足，勇于面对风险之事，敢于尝试接触新事物，不甘沉沦。

1976年，美国阿德尔化学公司推出了一种通用型的家用清洗剂——莱斯特尔。产品一问世，总裁巴尔克斯就采用报纸、广播为其做广告，但令人失望的是，莱斯特尔的市场营销很失败，阿德尔化学公司50万美元的营业额在整个市场中只占了微小的份额，这令巴尔克斯很是头疼。

经过一番思索，巴尔克斯又想到了电视广告，他决定选择晚上六点以前、十点以后的"垃圾时间"。阿德尔化学公司的其他人一致表示反对，建议巴尔克斯选择黄金时间做广告，电视宣传主要是由黄金时间的广告节目构成的，只有肯花巨资购买黄金时间做广告，才能取得良好的宣传效果。

不过，巴尔克斯认为黄金时段广告众多，很难给观众留下深刻的印象。如果连续几个月都在"垃圾时间"播出莱斯特尔的广告，既能够节省一部分财力，又不会与其他广告节目冲突，反而能给观众留下深刻的印象。于是，他毅然与电视台签订了合同，每周利用30次"垃圾时间"高密度地做莱斯托尔的广告。

连续两个月利用"垃圾时间"播出广告后，莱斯特尔在霍利约克市场上的销量大幅度提升。四年的时间里，巴尔克斯在"垃圾时间"所做的广告宣传总量比可口可乐等多年雄踞广告榜首的大公司还要多，美国广告界宣称这是"不可思议的电视年"，莱斯特尔家用洗涤剂的销售额创下高达2200万美元的利润。

美国传奇人物、拳击教练达马托曾说过："英雄和懦夫都会有恐惧，但英雄和懦夫对恐惧的反应却大相径庭。"聪明的人知道风险不只是危险和苦难，更是机会和希望。只有鼓起勇气面对风险，风险才有可能被解决。不冒点儿风险，哪来成功的机会呢？

机遇对任何人都是公平的，关键要看你是否是一个有魄力的人。要勇敢面对困难，摆脱畏惧的心理。只有魄力十足，勇于面对风险之事、敢于尝试新的事物，才会有更大的成功。

冒险不是冲动，冒险是行动

不敢冒险的人既无骡子又无马，

过分冒险的人既丢骡子又丢马。

有很多人害怕冒险，甘于平庸。这种心态有其合理之处，但是过分的谨慎却是不可取的。过分的谨慎就会变成胆小，不利于事业的成功。

只有敢于冒险，才会对生活有所追求，才能热血沸腾、干劲十足，也才会加倍努力。成功人士何永智的事例就很好地诠释了这点。

何永智原来在一家制鞋厂工作，丈夫是电工，日子过得很清贫。她不甘于这种只能解决温饱问题的生活，于是下班后就做些小买卖，以改变窘迫的现状。

改革开放初期，何永智大胆地把房子卖了做生意。卖掉房子的价格是原来买房时的5倍，她从中小赚了一笔。之后，她用3000元买了成都市八一路一间临街房，用来卖服装和皮鞋。

后来，八一路改成了火锅特色一条街，何永智果断地关闭了原来的店铺，开了一家"小天鹅火锅店"。刚开始，店面很小，只能摆下三张桌，设三口锅。第一个月，由于没有经验，火锅店亏损。第二个月，何永智把心思用在两个方面：一是口味，二是服务。结果，她的生意一天天好起来。

在何永智的努力下，火锅店越来越红火，一天的收入将近她过去一个月的工资，但她并不满足，盼望着也当个万元户（20世纪80年代初，万元户还很少）。

为了这个店，何永智废寝忘食，把所有的精力都用在经营上，火锅店的规模越来越大。6年后，她成了这条街上的"火锅皇后"，经营面积扩大到100平方米。

20世纪90年代初，何永智在成都租下2000平方米的房屋，开设了第一家分店。分店也开得同样成功，何永智接着扩大规模，相继在绵阳、双流等周边地区开设分店，影响越来越大。

1994年，天津加盟连锁店的开设使何永智的火锅事业又上了一个新台阶。故事是这样的：1992年，到绵阳办事的天津人景文汉看到小天鹅火锅那么红火，便产生了在天津开分店的念头，于是开始寻找何永智。足足找了3个月，他才找到在武汉开店的何永智，并提出合作的请求。何永智被对方的诚意所感动，同意合作，而且条件优惠。她说："我出人员、技术、品牌，你投入资金，共同办店。收回投资前，三七分成，你七我三；收回投资后，五五平分。"

天津连锁店的开设让何永智看到了事业发展的另一番天地，于是她又大干了一番，以平均每月一家的速度开办加盟连锁店，向全国各大城市推进。很快，上海、北京、南宁、广州、西安、沈阳、哈尔滨等地都开起了加盟店。她甚至把火锅店开到了美国西雅图等地，成为国际型企业。这一系列的举动，使何永智一举跨入亿万富翁的行列。

目前，何永智已成为大企业的集团总裁，曾连续当选为第八届、第九届全国妇联代表，她所创办的企业也跻身2015年"中国私营企业500强"的行列，成为

"中国最具前景的50家特许经营企业"。

现在回过头来看看，如果何永智甘于某一阶段的富足，害怕冒险，见好就收，仅满足于在天津的经营，她会成就后来的大事业吗？只有超越了现在的自己，才能让事业更上一层楼。

冒险的精神是必需的，但是绝对不能冲动，更不能只看到利益而忽视风险的存在性。如果被利润冲昏了头脑，那么你所做的一切都必将是不理智的。如果能禁得住诱惑，能够理性地对待，那么就能让自己减少一些风险和失败。

当准备冒险的时候，不能仅凭满腔热血就一头冲进去，而是要从全局考虑，理智地选择。只有这样，所冒的风险才会有价值，才有可能获得成功。

牛人未必比你"会做",但肯定比你"敢做"

悦读

世界上有许多做事有成的人,

并不是因为他比你会做,而是因为他比你敢做。

　　机遇青睐那些"另类"的人,他们敢做别人不敢做的事,把别人认为不可能的事情变成可能,这需要有足够的勇气。

　　抓住机遇需要智慧,更需要胆识。成功的商人常常会做出一些让人们目瞪口呆的、勇敢的变革或投资行动,有时几乎是以企业命运作赌注,冒着很大的风险。

　　摩根大学毕业后和大多数年轻人一样,渴望成就一番事业,他在父亲好友开设的邓肯商行谋到一份职业。在一次采购途中,摩根碰到一次发财的机会。当时,轮船停泊在新奥尔良,他走过充满巴黎浪漫气息的法国街,来到嘈杂的码头。码头上,远处两艘从密西西比河下来的轮船停泊着,工人忙碌地上货、卸货。

突然间，一位陌生人拍了拍他的肩膀，问道："小伙子，想买咖啡吗？"那人做了自我介绍，他是往来美国和巴西的货船船长，受托到巴西的咖啡商那里运来一船咖啡。没想到美国的买主已经破产，他只好自己推销。他没有这方面的经验，希望尽快卖出，如果谁给现金，可以以半价买下。

摩根的大脑飞速转动，反复思索后认为有利可图，他打定主意买下这些咖啡。他带着一些咖啡样品去往新奥尔良所有与邓肯商行有联系的客户那儿进行推销。很多经验丰富的职员都奉劝他谨慎行事，这些咖啡的价钱尽管很让人动心，但是舱内的咖啡是否与样品一样，谁也不敢保证，在这之前就发生过欺骗买主的事。

不过摩根已经下定决心，也没有进一步去调查，就用邓肯商行的名义买下全船咖啡，并在发给纽约邓肯商行的电报上写道自己已经购买到一船廉价咖啡。很快，邓肯商行回电对他的行为严加指责，不允许他擅自利用公司的名义做生意，勒令他立即取消这笔交易！气愤的摩根并未撤回交易，他决定自己干。摩根电告父亲，借来父亲的钱偿还了挪用邓肯商行的钱。

这批货刚刚到手，巴西咖啡因受寒大幅度减产，价格瞬间涨了2~3倍。摩根抛售咖啡，赚了一大笔钱。虽然因"咖啡事件"弄丢了邓肯商行的重要职位，但这件事却也证明了他的经商才干，日后他建立起自己的商行——摩根商行。

机遇就在别人认为不可以的地方，要凭着自己的智慧发现潜在的商机，敢做他人不敢做的事情。

在我国，走在商人前列、最能抢抓机遇的要数温州商人了。温州人很早就走出自己的家乡到全国各地做生意，别人还没有市场意识的时候，他们已经在各地的市场上奋力打拼了。刚开始他们经营的是一些技术含量不高的鞋、服装等商品，当其他人开始参与市场时，他们已经积累了一定的资本和市场经验。专家认为"这是一种空隙，温州人打了一个很好的时间差"，他们走在了市场的最前沿。

1983年春节，一位温州华侨从美国打来电话："美国警察总署传来消息，美国警察要更换服装，34万人急需68万副标章，每人两套便是130多万，你们能做吗？"两个温州个体户心急火燎地直接飞往美国，向美国警察总署长阐述承包的意向。美国人认为中国人根本无法做出一流的标章，两个温州老板不温不火地说："中国有句古话'耳听为虚，眼见为实'，请你们派两位专员到中国看一看，费用我们全包。"两位警察署专员来到温州后，工人当面表演了从投料到成品只需要35分钟的过程。几天后两位专员携带100副样品回去了，美国警察署的领导们一看，价格不到美国军工厂的1/2，而且不要订金，买卖立即成交。温州人如法炮制，做成了联合国维和部队及中国人民解放军驻港部队标章的生意。

不收订金就开始加工服饰，也只有温州商人敢这么做，他们敢做别人不敢做的事情，意大利或者欧洲市场只要一发布一个新的流行款式，他们第二天就会大量生产，占领市场。

温州商人对时间非常敏感，这也是他们能够得到别人得不到的机遇的原因之一。他们深信时间就是机遇，商场如战场，只要抓住时间，就等于抓住了机遇。为了能够及时地收集到欧洲最新的服装款式，浙江的服装企业大多在欧洲设立专门的信息收集点。

很多人害怕失败，宁愿放弃机遇。发现了商机而不敢冒险，就真的与机遇错过了。冒险与收获常常是结伴而行的，要有魄力，把握险中之夷，危中之利。成功者，未必比你"会做"，但是肯定比你"敢做"。有些机会很多人不敢抓，而敢于争取的那些人，多数获得了成功。

想别人不敢想的，做别人不敢做的

想别人不敢想的，做别人不敢做的，

坚持别人坚持不了的，这就是你现在该做的！

哥伦布很小的时候，就认为地球是一个球体，他想通过自己的努力证明这一点。那时的人都认为，人类绝对不可能从西方到达富庶的东方，如果从西班牙向西航行的话，不出500海里，就会掉进无尽的深渊。哥伦布当然不相信这个观点。

1485年，他到葡萄牙国王那里游说："其实我们从这儿向西走，也能到达东方，如果您肯拿出钱来支持我的话，我一定可以证实它。"葡萄牙国王没有答应他，认为他是一个骗子。哥伦布又到西班牙国王那里游说，西班牙国王也没有答应他。接二连三的碰壁，奔波的同时花光了积蓄。他只好向朋友伸手，但很多朋友把他当作疯子，不支持更不相信他。

终于，哥伦布等到一个机会，西班牙皇后听了哥伦布一个朋友的劝说，答应支持哥伦布。就算哥伦布这个计划失败，她也就是损失一点小钱。

哥伦布以坚定的毅力和沉着，感染着跟随他的水手齐心协力与风浪搏斗，没有多久他们就在美洲大陆插上了西班牙的国旗。

哥伦布用行动证明，踏入别人未涉足的领域，事情可能会更顺利些。生命应该是多姿多彩的，每个人都有各自的生活。真正有创造力的人不会重复别人的生活模式，都有着自己的追求。

有很多人没有自己的立场，别人怎么说，他们也就跟着怎么说。当不同的人说不同立场的话的时候，他们就分不清、辨不明了，在不同立场和观点之间游移不定。一旦涉及利益，他们争先恐后，比谁跑得都快。这种人云亦云的人不会有大的发展前途。

我们每个人的人生都应该是千姿百态的，这也构成了社会发展的复杂性。那些人生充满传奇色彩的人物，个个都是神勇的，他们不愿意过那种日复一日的单调生活，不愿意天天守在办公室，做着单调而又重复的劳动。他们认为那种看似稳定而没有激情的生活没有意义，真正有意义的人生应该是充满冒险的，应该是去做别人没有做过的事情，即使困难重重，他们也乐此不疲。

如果想在大环境不好的情况下获取成功，那么就去走那些别人没有走过的路，肯定会看到别人未曾见到过的风景。

第七章
善变：临机应变，天无绝人之路

"天下事有难易乎？为之，则难者亦易矣，不为，则易者亦
难矣。"肯做可以排除生活道路上的一些障碍。

街头迷路，迷出人生第一桶金

悦 读

"山重水复疑无路，柳暗花明又一村"，
困境中隐藏着转机！

    刚到一个陌生的城市，在街头迷路是一件很正常的事，相信很多人都经历过，可是迷路迷出发财的金点子，可不是人人都经历过的。

    说起自己的创业历程，文川自己都觉得有些不可思议，作为一个名牌大学的博士生，最应该走的道路是在科研路上默默钻研，最终却成为一个企业家，还涉及设计、机械等多个领域。

    1989年的时候，刚从武汉大学哲学系毕业的文川被分到广州工作，这个充满活力的年轻人好奇地看着这个陌生而发达的城市。为了更快地融入这个城市，每天下班后，文川都骑着自行车在广州的大街小巷乱逛，欣赏这个城市的人文景观和自然风光。

但是因为对这儿不熟，乱转悠的文川在小巷子里迷路了。文川觉得不应该呀！自己是个方向感很强的人。他就找了一家很有名的建筑物，拿出地图，想确定一下自己所在的位置，却发现这种地标式的建筑地图上竟然没有。

文川当时是骑自行车出行的，也不方便乘车，只好边找站牌边问路才回到家，这时候已经很晚了。又累又饿的文川很郁闷，为什么这些有名的建筑物在地图上找不到呢？他想，要是完善一下地图，将所有商业地标式的建筑都标在地图上多好，这样就不会有人迷路了。做出来还可以卖钱，这是很好的商机啊！文川高兴得忘了疲惫，一晚上都在琢磨着这件事儿。

第二天，文川就把自己的想法告诉了几位同窗好友，有人支持也有人不屑，有同学嘲笑说这能赚几个钱呀？文川自己也不知道能否成功，就放下了这件事，但是心里一直在琢磨。直到有一天，他忽然想到，要是让那些入选的建筑单位竞争一下不是更好吗？这样能不能赚钱呢？

说做就做，文川马上将这个想法做成一个方案，找一位文化公司的校友帮忙。那位校友也觉得这个计划可行，两人商议，决定让每个入选单位出资500元。先由文川拿着地图去尝试一下，找几家入选的单位谈谈。第一次谈的时候很顺利，老板不仅愿意出500元，还表示希望在自己宾馆的名字前做出宾馆的标志。这次成功让文川大受鼓舞，他看着自己手中的协议，觉得看到了希望。

为了快速达到目标，文川找了几个同学，成立了一个小组，动员大家都来做这个，文化公司表示每做成一个单子，提成15%。

就这样，文川和同学奔波在广州的大街小巷，有时成功，有时也会遭遇拒绝。不过，他每天的纯收入都破了1000元的大关，在经济并不发达的20世纪90年代，这可是一笔不少的收入！

广州这边的生意做得如火如荼，文川又想，这地图广州需要，其他城市肯定也需要，要是把这种地图推广到广东的每一个城市，肯定能赚更多的钱。文川越想越兴奋，觉得自己眼前有一座等待开采的金矿，自己就是这个金矿的发现者。这么大的动作，文化公司的影响力已经不能完成了，文川找到广东省投资发展研究中心的负责人，把自己的方案递上去。他们很感兴趣，认为要是做好了，这可是对外宣传广东省的活字典啊，不但能够集册出版，还可以带动产业发展，一举两得。文川得到了省政府的支持，之后每次办事的时候，都带着省政府投资发展中心的公函，果然方便多了。

文川首先去了清远，只在那边忙活了7天，就签下了12万元的大单子。接着他又马不停蹄地去了汕头、茂名、湛江等城市，将自己的想法推广出去。每签一个单位，他都要在地图上标注一下具体位置，方便以后制作。

1992年的时候，文川在广东注册成立了南方文化发展公司。南方文化发展公司成立之后，文川开始为自己的公司寻找出路。他发现广交会举办得异常火爆，每年广交会期间约有十万人聚集广州。如果可以为广交会策划一些主题，并和电视台合作播放，这不是很好吗？文川决定在广交会期间策划100个"走向世界的中国"宣传片，希望能让世界了解中国，同时也把伟大的祖国推向世界。

文川从摄影公司借来摄影师、演员和设备，紧锣密鼓地实施自己的计划，奔赴各地取景拍片。用一年的时间，完成了这个艰巨的任务。为了提高宣传片的质量，文川在做的时候要求尽量完美，他凭借深厚的文学功底自己写解说词。这些片子被电视台评为免检片，为公司带来了600万元的营业额。

做文化的，最重要的就是适应市场的变化，嗅到市场的最新需要，才能想出好点子。1994年的时候，文川将公司交给自己信任的人，回到武汉大学继续攻读博士学位，并在次年顺利毕业，这次进修为以后公司的发展打下了坚实的基础。1995年，公司改名为"巨慧"。

在文川的带领下，巨慧公司蒸蒸日上，又转向了手表业。那时候，国内的手表业已经迎来寒冬，很多手表公司相继破产，文川却想进军手表业，这让业内人士很不理解。

1995年年底，胸有成竹的文川进军手表市场。他收购了一家手表厂，但是不做品牌表。文川觉得品牌表要投入的资金太多，自己一下子拿不出来那么多钱，决定就做行业表。

他将目光放在解放军建军100周年纪念上，1997年，文川制造了一批军表，只给《解放军报》投放了广告。短短的一个月里，几万只手表销售一空。

紧接着，文川和公安部合作推出了中国警表，广告词是"中国警察戴中国警表"。销售成果怎么样呢？调查发现，每10个警察中，就有一个人戴中国警表。文川又接连和中国人民保险公司合作推出"中国保险表"等一系列行业表，这些行业表支撑着文川的事业一步步走向巅峰。

对文川而言，没有一个行业是有终点的，他又进军服饰设计、创业公司等领域，赚钱的点子一个接一个，让人羡慕又佩服。

她，用一碗稀饭卖出了百万财富

一时的逆境不意味着最终的失败，

善于变通的人能发现其中蕴藏着成功的机会。

　　李姐名为李春花，以前跟丈夫都是国企职工，1992年工厂改制后，他们下岗了。为了生计，李姐跟丈夫决定卖香烟，忙碌了5年，存了20多万元，这在当时可不是一笔小数目。李姐正打算拿着钱去买房子的时候，厄运降临了。

　　1998年12月的一天，一个朋友找到李姐推销香烟。那人用"进价低，利润高"的理由成功地让李姐上了钩。李姐跟丈夫商量后决定把所有的存款和从亲戚那儿借的20多万元全投进去。

　　没想到的是，几天后，从他们这儿买烟的人都找他们退货，因为香烟是假货。最严重的是，当地的工商局也知道了这件事。李姐的烟被查收，她和丈夫也差点受到处罚。他们不但损失了存款，还负债20多万元。再去找当初那个所谓的朋友，哪里还有他的影子！

生活一下从天堂跌入地狱，李姐整天以泪洗面。债主们每天追在屁股后面要钱。每天应对这些债主让夫妻俩精疲力竭。他们想重新开始，但是又没有本钱。

最后李姐决定卖稀饭，因为卖稀饭投入少，虽然利润低但是不容易赔本。跟丈夫商量后，他们开了家粥店。其实开始的时候李姐的丈夫是不同意的，但是李姐觉得虽然稀饭利薄，但是销量可观的话赚的也不少。

因为现在待的地方债主多，每天来讨债的人不断，做生意也不清净，所以他们准备去西藏。1999年3月李姐夫妇两人来到成都机场，但是却买不起飞机票。坐汽车又太慢，而且李姐的身体情况不允许她坐汽车，他们的行程就这样耽搁了。无奈之下，停留在成都双流机场的李姐夫妇决定先去双流县卖稀饭。

创业初期，他们费了很大力气才在双流县城棠中路租了一个6平方米的门面。准备工作完成后，他们就所剩无几了，李姐的丈夫又回老家借了6000元，他们的稀饭生意才得以开张。

稀饭谁都会做，所以刚开始的时候他们的生意不是很好，甚至还亏本。李姐急得吃不下睡不着，一天晚上，李姐跟丈夫商量如何改变现状。他们一致认为可以把稀饭变成正餐。原因有二：第一，人们的生活水平提高了，吃腻了大鱼大肉，对清淡的稀饭更能接受；第二，他们可以改变传统的"素稀饭"，在稀饭的基础上进行创新，做各种系列的"荤稀饭"。商量好之后，李姐夫妇就行动起来。丈夫负责熬稀饭，李姐负责创品牌。经过努力，李姐的稀饭生意做得有模有样。

他们在几个月里研究出十几种新式稀饭，其中更包括他们的得意之作——野生娄龙花粥。这个粥是个"三全"的绿色食品，全绿色、全天然、全野生。不仅如此，这个粥还能清热解毒。这些花样翻新的稀饭为李姐带来了很多顾客。

新品稀饭推出的时候，李姐店里有很多供顾客免费品尝的新粥，那些来试吃的顾客都为李姐的稀饭做了免费的流动广告。很多人慕名来到李姐稀饭店品尝新品种，每天都能够招待好几百人，盈利也达到每天两三千元。

顾客多了固然很好，但是他们夫妇只有两个人，每天要应付这么多客人有点力不从心，李姐还因为劳累过度患上了肩周炎。为了让稀饭店能获得更好的发展，李姐决定把稀饭店挪到双流县长治路二段，那里的发展空间比较大。他们租用农家的大院进行装修，提升稀饭店的品质。除此之外，他们还吸纳了当地的年轻劳动力，小伙子和小姑娘打扮成农家小伙和村姑，让客人感觉十分亲切。2001年，他们还清了以前的债务，不仅如此，还小有积蓄，李姐因为稀饭闻名于双流县。

"免费消费"带来的超高人气和利润已经不能使李姐满足了，她觉得很多来喝稀饭的人都是被她们的特色稀饭吸引过来的，这样就难免有人打着他们的名号做生意。为了保住自家"稀饭大王"的名号，李姐到相关部门注册了"李姐稀饭大王"的商标。

"李姐稀饭大王"成了一个品牌，农家大院也不能适应它的发展了，2001年10月，李姐决定"再次迁址"，把稀饭店搬到了一个更大的地方，还增加了人手，雇了50多个帮工。"搬家"店里的顾客非但没有减少，反而有所增加，生意忙的时候50个帮工也忙不过来。有的客人就像在自己家一样自己动手盛稀饭，一群人围着装稀饭的大锅盛稀饭的热闹场面是任何餐饮店都无法比拟的。

"李姐稀饭大王"的名号越来越响，李姐又在原来的基础上推出了各色小吃。她的价钱合理，食物美味，新旧顾客都赞不绝口。生意好的时候每天能有上万元的营业额。稀饭做到这种境界，也算得上是一种奇迹。

对于那些善于转变心态、转变思路的人来说，逆境是一颗种子，在酝酿之后，就会破土而出。

机遇偏爱善于思考的人

悦 读

不要抱怨自己缺乏机遇，
机遇是通过自己的思考和努力创造出来的。

积极思考是提高自身竞争力的主要途径，要想事业有所成功，想使人生富有意义，就一定要把勤于思考当作人生信条。

从比别人慢半拍到奋起直追，从被动接受工作安排到主动寻找机会和发掘高价值工作，再到获得自身能力的提高，除了平时知识能力的积淀外，细心观察、深入思考和主动去做也是不可或缺的因素。细心观察才能发现机会，深入思考才能发掘价值，主动去做才能创造机遇。不要说机遇不青睐自己，先问问自己是否积极思考过。

主动、积极地思考对创造机遇大有裨益。阿尔伯特·哈伯德在著名的《致加西亚的信》一书中说："在职业生涯中，我们常常能听到主动性这个词。什么是主动性呢？主动就是没有人要求你、强迫你，但是你积极地思考并自觉且出色地做好自己的事情。全心全意、尽职尽责是不够的，还应该比自己分内的工作多想一点、多做一点，比别人期待的更多一点，如此可以吸引更多的注意，给自我的提升创造更多的机会。"

有不少杰出人士都有这样的论调：成功者必须要具备发散性的思维能力与习惯，扩展思维空间，积极思考。要想抓住机遇，平时就要养成用积极的思考方式来思考问题的习惯。

盼盼集团是国人心目中很有实力的企业之一，它的前身是营口市金属制品厂，是韩召善背着8.6万元债务，带领十几名工人创办起来的。经过将近十年的努力奋斗，他们将一个只做些零件的小工厂发展成为有自己品牌的、小有名气的企业。当时他们生产的"宫灯牌"档案柜十分畅销。20世纪90年代初，工厂已有800多人，年生产产值1700万元。但韩召善却感到铁皮柜市场基本饱和，不会有大作为，要发展就必须研制开发出新产品。当时适逢中国刮起旧城市改造之风，建筑业十分火热，经过一段时间的考察，韩召善发现家用防盗门市场前景不错，便提出转产防盗门，但是立刻遭到了大多数成员的反对。他们认为眼下维持好铁皮柜的生产就可以了，怕再折腾弄不好把这几年积攒下来的老本儿都搭上。

韩召善觉得乡镇企业在走过初期繁荣后，很多都进入了漫长的低谷期，要么衰落，要么勉强维持现状，如不尽快迈上新的发展台阶，很快就会满足不了市场越来越高的要求。于是，韩召善力排众议，新产品得以上市。

韩召善十分重视广告的作用，他认为做广告就像搞储蓄，到头来总会有效益的。盼盼集团每年都要拿出销售额的6%~8%做广告，从1992年到1997年，广告费用共支出4700多万元，仅1997年一年就支出2600万元，先后在中央电视台、辽宁电视台等几十家新闻媒体投入大量广告费。广告给集团带来了更多的商机与合作，随着广告力度的加大，经济效益也随之大增，"盼盼"防盗门以每年产值、利润翻一番的速度递增，达到年产50万的预定目标，产品的市场份额达到20％，库存量为零。

韩召善还把那些较为杂乱的CI设计统一起来，跟国际流行设计接轨并将集团企业形象识别系统利用计算机进行管理。不久，盼盼集团在同行业中脱颖而出，率先推出自身的品牌形象，为盼盼集团树立了一种名牌意识。

韩召善还和保险公司签订了保险协议，给每个防盗门交纳相关的保险费，在保险期间，因产品质量原因被撬或者有明显盗窃痕迹，导致用户遭受家财损失的，由保险公司在3000元限额内按照实际损失负责赔偿。

韩召善的一系列措施，使得"盼盼"形象深入人心。假如当初韩召善只固守铁皮柜市场，也许今日的"盼盼"还只是乡镇小厂，或是被其他企业给吞并了。

韩召善的事迹为很多处于迷茫中的年轻人树立了榜样，积极思考必会突破难关。许多刚踏上工作岗位的大学毕业生常常抱怨自己机遇不佳，单位也不重视他们，没有机会施展自己的才华，所学无用武之地，这种情况非常正常。那么，如何才能摆脱迷茫和困境呢？

要养成勤于思考的习惯，同时更要从那些在事业领域中颇有建树的杰出人士身上学习，扩展自己的思维。积极思考，利用好机遇发展自己的事业，记住，机遇偏爱那些善于思考的人。

迟干不如早干，蛮干不如巧干

巧干能捕雄狮，蛮干难捉蟋蟀。

巧干与蛮干，两者都建立在敢干之上，只是方式不一样。

敢干但蛮干的人，费力不讨好。成天忙忙碌碌，可没有效率，白忙活。

敢干且巧干的人，知道如何更好地解决问题，不走弯路。

所以，不仅要干，敢干，还要巧干，才能事半功倍，才能在变幻莫测的工作事务之中以不变应万变，做出不同有效的决策，找到成功的捷径。可是，巧干不是一朝一夕就能掌握的，它需要结合实际，深入调查研究，正确把握事情发展的规律。

从前有一个小村庄，村里除了雨水之外没有任何水源，只有一个很大的蓄水池，村里决定出钱与人签订一份送水的合同，以便村民随时有水可用。

　　有两个小伙子想签下这份合同，一个叫艾德，一个叫比尔。

　　艾德为了签下这份合同，热火朝天地干了起来，他每天起早贪黑，从几千米之外的湖泊担水到村里的蓄水池，保证村民有足够的日常生活用水。艾德很勤奋，他担水的速度远超村民用水的速度，所以他很快就得到了村民的认可，获得了一份属于他自己的酬劳。

　　比尔却不同于艾德，他突然离开了村庄，所有人都以为他放弃了。没想到他只是在得知村庄没水，要签订送水合约以后，就深思熟虑，做出了一份相关的商业计划书，经过三个月的奔波努力，他找到了四个肯帮助他实施这个计划书的投资商，成功开设了一家销售送水系统的公司。随即，他带着施工队和一套送水系统，花了整整一年的时间，在村庄和几千米外的湖泊间安装了大量的不锈钢管道，使得送水系统安装成功。

　　于是，村里与比尔签下了长期的送水合约。比尔考虑到还有许多村庄都有类似缺水的情况，经过一番考察，他开始向全国推销他那容量大又低价的送水系统，并得到了大众的认可。

　　之后的十几年，比尔凭借着管道式的送水系统过上了很丰裕的日子。而艾德随着年老体力不支，已经完全不能挑水，只能在惆怅中度过余生。

　　磨刀不误砍柴工，看问题的时候要像比尔一样从长远的角度出发，仅凭蛮力是不够的。要注重实效，实用才是王道。

　　许多大企业、大的集团公司是不提倡员工蛮干、苦干的，就像惠普前首席执行官高建华曾说过的："惠普这样的跨国公司不提倡员工整天努力拼命地工作，而是提倡员工聪明地工作，希望员工能在工作中开动脑筋，想出更好的办法解决问题、完成工作，从而提高工作质量和效率。"

　　人的时间都是有限的，要用有限的时间把事情做好，而不是做更多的事。

　　有一位知名的物理教授半夜醒来，发现自己实验室的灯是亮着的，他感到很疑惑，进去一看才知道，自己的学生依然在做实验。于是，他就问学生："怎么这么晚还没有休息呢？你白天在干什么？怎么晚上还在做实验？"

学生答道："我白天也在做实验啊。"

教授语重心长地说："勤奋好学固然是好事，可是，你白天和晚上都在做实验，那你要用什么时间来思考呢？"

学生只顾着做实验，没有学会思考，完全忽视了实验是思考的结果，思考是实验的本质，本末倒置。

在平时的生活和工作中，做完事情后多留些时间思考，不要一直埋头苦干，要讲究方式方法。

梁冬是刚进入公司的新员工，他看起来才智平平，没有什么过人之处，不过他比一同进入公司的人发展得顺利。这其中的原因就是他懂得巧干。

在第一天新员工欢迎仪式上，他就第一个主动站起来介绍自己，给领导、同事都留下了深刻的印象。随后，他在最短的时间内记住了公司所有领导的称呼，并掌握了大量有关公司以及公司各大元老的资料。进公司不到一年，梁冬就被晋升为办公室主任。

巧干需要有敏锐机智的反应，需要有较强的分析、判断、解决问题的能力，以及灵活变通的智慧，这样才能事半功倍。

进则死，退则亡，此路不通就换行

天无绝人之路，遭遇进退两难的困境时，

换个角度思考，路的旁边也是路。

　　"尽信书不如无书"，死守规则不如没有规则。对于目标，我们所秉持的态度应该是：既要不断追求，又要有所放弃。

　　看一下"囚"字，人被圈禁在方框内，自由全失。其实对思想而言亦是如此，思想一旦被禁锢，便等同于剪除了翅膀，不能自由翱翔，事业被限定在某一框架内无法突破，更莫谈打造辉煌。唯一能解救的方法便是拆除思维里的"墙"。

　　很多时候，费尽心力，依然无法使事情朝着预期的方向发展，并不是因为目标难度太大，而是忘记了变通。"穷则变，变则通。"虽说人生贵在坚持，但这绝不等同于固执。条条大路通罗马，此路不通就换行！竭力打拼的目的是为了有朝一日"会当凌绝顶"，但若知道所选择的路是一条死路，那么还有必要再坚持吗？肯定没有！很多时候，果断地放弃更是一种睿智，或许换一种思路，就能找到一条出路。

生物学家将六只蜜蜂和六只苍蝇各放入一个透明的玻璃瓶中，然后将瓶口朝向背光处，瓶底则朝向向阳处。实验开始后，蜜蜂和苍蝇均一股脑儿地朝向向阳处飞，但每次都撞到瓶底，无法逃离。经历过数次失败以后，苍蝇们开始胡飞乱撞，尝试从各个方向寻找出路，蜜蜂则依然固执地一次又一次撞向瓶底。两分钟后，所有的苍蝇都从背光的瓶口逃离，而蜜蜂们却还在冲击着玻璃瓶，最终全都困死在瓶中。

有一部分人在同一个方向屡屡碰壁以后，便会吸取教训，果断地选择放弃，另找新路，结果成就了自己的人生。而还有相当一部分人，在同一方向不断受到阻挡，却依旧固执地相信自己的判断，结果耗尽心血也不出成绩，困顿一生。他们的遭遇着实令人惋惜。试想，倘若能将这份执着用对地方，又会是怎样的一番景象？

成功需要坚持，但坚持绝不是固执。路的旁边也是路，或许它们看上去曲折狭窄，但当你选择的那条路被堵死时，这些小路也许就是你走出困境的希望。所以，不要硬逼着自己死走一条路。

其实很多时候，最初的选择未必就是最好的，甚至，由于判断上的失误和认知上的偏差，选择的可能是一条死路。若是这样，即便沥尽心血也不过是徒劳无功，那坚持又有什么意义？

方案都是死的，但人是活的。我们无法预知事态的发展动向，但完全有能力随着时事的发展对计划进行修改，选择一条更适合自己的路来走。

生活不是一道判断题，并不是只有"是"与"否"两个答案，它是一道多选题，有很多正确答案可供选择。

生活亦不是一道几何题，并不是两点之间直线一定最短，在对人生目标的思考上，要考虑的不仅仅是距离问题，还有环境因素、人为因素、自身条件等。

正所谓"失之东隅，收之桑榆"，通往成功的道路岂止一条？此路不通，就再换一条，总有一条会适合你。

灵活变通，命运与众不同

坚持不固执、灵活但不随风摇摆。

　　在人生的每一个关键时刻，审慎地运用智慧，做最正确的判断，选择正确方向，及时检视选择的角度，适时调整，放掉无谓的固执，杜绝思维僵化、抱残守缺。冷静地用开放的心胸做正确抉择，这样将指引你走在通往成功的坦途上。

　　诺贝尔奖得主莱纳斯·波林说："一个好的研究者知道应该发挥哪些构想，而哪些构想应该丢弃，否则，会浪费很多时间在差劲的构想上。"

　　坚持本是一种良好的品性，但是方向不对，努力也是白费。历史上人们曾经热衷于研制的永动机，就使很多人投入了毕生的精力，浪费了大量的人力物力。牛顿早年也是永动机的追随者，进行了大量的实验后，他很失望。于是他很明智地退出了对永动机的研究，在力学中投入更大的精力。最终，许多永动机的研究者默默无闻，而牛顿却脱颖而出。

要随时检查自己的选择是否有偏差，合理地调整目标，放弃无谓的固执。

从前，有两个年轻人，一个叫小山，一个叫小水，他们住在同一村庄，是最要好的朋友。由于居住在偏远的乡村谋生不易，他们就相约到远地去做生意，于是同时把田地变卖，带着所有的财产和驴子远行了。

他们首先抵达一个生产棉花的地方，小水对小山说："在我们家乡，棉花是很值钱的东西，我们把所有的钱换成棉花，带回家乡，一定会有利润的。"小山同意了，两人买了棉花细心地捆绑在驴子背上。

接着，他们来到一个生产毛皮的地方，那里恰好缺少棉花，小水就对小山说："毛皮在我们家乡是非常值钱的东西，我们将手中的棉花卖了，换成毛皮，这样不但能够收回本钱，还能得到很高的利润！"小山说："不用了，我的棉花已经非常安稳地捆在驴背上，要搬上搬下实在太麻烦了！"小水把棉花全部换成毛皮，小山则依然守着一驴背的棉花。

他们继续走，来到一个生产药材的地方，那里天气苦寒，恰好缺少毛皮与棉花。小水对小山说："药材在我们家乡比毛皮还要值钱，你把手中的棉花卖了，我把毛皮卖了，换成药材返回家乡一定能赚大钱的。"小山又拒绝了。小水将手中的毛皮全部换成了药材，又赚了一笔钱，小山依然守着一驴背的棉花。

后来，他们到了一个盛产黄金的城市，那布满金矿的城市是个不毛之地，药材极其欠缺，当然也缺少棉花。小水对小山说："在这里药材与棉花的价钱都非常高，黄金却非常便宜，我们把药材与棉花全部换成黄金，这一辈子就不必再愁吃穿了。"小山再次拒绝了："不！不！我的棉花在驴背上非常稳妥，我不想换来换去呀。"小水卖了药材，换成黄金，再次赚了一大笔钱，小山仍然坚持守着一驴背的棉花。

最后，在返乡的路上，遇到一场大暴雨。两人躲避不及，被淋成了落汤鸡。

小山的棉花全部被雨水打湿了，重得让驴迈不开步。无奈之下，他不得不丢下一路照管、不舍得放弃的棉花，赶着驴与带着黄金的小水回到家里。小水把黄金卖掉后，摇身一变，成了当地最大的富豪。

为何小山和小水相同的起步，命运却天壤之别呢？关键就在于小山固执死板，而小水懂得灵活变通。

不同情况，不同对待。鉴别此路不通，有更好的良径，按照旧方法走过去，这不是坚持原则，而是蛮干。灵活处事，才能拥有更宽广的空间，将事情做得更高效更优质。

灵活变通，跟无原则随风摇摆是不一样的。灵活变通是指在特定环境之内，配合需求，设计出最好的可行方案。随风摇摆的不是灵活，而是墙头草。毫无原则毫无主见，只会迷失自己的方向，失去清醒的判断力。

要遵循"坚持不固执、灵活但不随风摇摆"这一法则，因时制宜，因地制宜。

借鉴前人经验时也要琢磨

悦 读

往日经验未必适合今日之事，
前人之言亦未可尽信。

有句俗语是："不听老人言，吃亏在眼前。"此话颇有几分道理，老人毕竟阅历深，总结出来的经验教训确实很值得借鉴。但是，既然是借鉴，就一定要加入自己的思考，绝不是一味地照搬。前人的经验固然重要，它会使我们少走很多弯路，但固守经验则会使我们的思维受到禁锢，由此造成的后果可能会是——避开了一条弯路，却踏上了另一条弯路。

大千世界，日新月异，一切事物无不在发展变化之中，以往日经验套用今日之事，必然会受到束缚。一位哲人说过："做人做事不要轻易被一个成规束缚住。墨守成规是前进路上的绊脚石，在'不创新就死亡'的今天，突破成规的约束尤为重要！"的确，时代在发展，环境在变化，一个企业倘若不思考改善、固步自封，势必会将自己送上绝路。同样，一个人倘若过分迷信前人的经验，不思改变，不予创新，那么他的人生绝不会有所超越，弄不好还会倒在旧经验之下。

有这样一则笑话，话说古时候有个卖草帽的货郎，每日都背着草帽走街串巷，往返于各个村落之间。有一日，他在回家途中经过一片山林，感到很累，便钻入林中休息，不知不觉沉睡过去。

等他醒来的时候，发现卖剩下的草帽全部没了踪影，正急得不行的时候，突然听到一阵阵猴子的叫声。货郎循声望去，看见四周的树上蹲着很多猴子，每只猴子头上都戴着一顶草帽。

他大为恼火，却又无可奈何。突然，货郎灵光一闪，想起猴子最爱模仿人，于是将头上唯一剩下的一顶草帽摘下，顺手丢在一旁。那些顽皮的猴子见状纷纷效仿，草帽就这样一顶顶落回到地上。货郎非常得意，冲着猴子们扮了个鬼脸，背着拾回的草帽、哼着小调回家了。

到家后，货郎向家人显摆自己"智取群猴"的光鲜事迹，家人纷纷竖起大拇指，把他好一顿夸，并将此事"父传子、子传孙"地流传了下来。

晃几十年过去了，他的孙子继承祖业，也成了一个小货郎。

这一天，小货郎与自己的爷爷一样，也躺在林子中睡着了，也是凑巧，他的草帽也被一群猴子窃去。小货郎忆及爷爷的传奇往事，摘下头顶的草帽顺手丢在一旁。但事情并没有朝着他预料的方向发展，他甚至怀疑爷爷当年是在吹牛，因为那群猴子压根儿就没有往下丢草帽的意思，反而都瞪着他，像见了仇人一般。

正在他疑惑之际，猴王现身了，在小货郎目瞪口呆的注视下，猴王悠哉地捡起地上的草帽。

很多人不正和小货郎一样吗？因循守旧，不知变通，照搬前人的经验，却不懂得根据客观实际采取灵活对策。

在不断变化的外部环境及自身状况面前，一味套用前人的经验无疑是一种愚蠢的做法。"车轱辘往后转，人要向前看！"很多事情只有在尝试之后才能得知真相，推陈出新并非是天才的专利，只要勤于动脑，敢于改变，就能够对前人的经验进行改良，找到解决事情的最佳途径。

很多人之所以一直过着平庸至极的生活，就是因为从不去认真分析别人成功的原因，稀里糊涂地固守着"老人言"，畏首畏尾，不敢轻动，因而人生总是停滞不前。

第八章
双赢：赢者不全赢，输者不全输

成功不是一蹴而就的，任何人都不能一步登天。但是，你可以借力发力，不仅便捷高效，还能将力量结合在一起，互助双赢，何乐而不为？

正和博弈：鱼和熊掌可以兼得

悦 读

共同的事业，共同的斗争，
可以产生忍受一切的力量。

　　正和博弈又称为合作博弈，是指博弈双方的利益都有所增加，或者至少是一方的利益不受损害，因而整个社会的利益有所增加。正和博弈采取的是一种合作的方式，或者说是一种妥协。妥协必须经过博弈各方的讨价还价，达成共识，进行合作。

　　要想透彻了解正和博弈，就不得不提到负和博弈以及零和博弈。

　　负和博弈，说得通俗点就是两败俱伤。两个人无法达到统一，如果双方都不肯让步，那么合作就无法展开，最后双方的利益都会受到损伤。例如，一对小夫妻要看电视，丈夫喜欢看足球，妻子喜欢看演唱会，如果两个人争执不下，把电视关掉了，谁都没得看，这就是负和博弈的一种。

零和博弈，属非合作博弈。指参与博弈的各方，在严格竞争下，一方的收益必然意味着另一方的损失，博弈各方的收益和损失相加总和永远为"零"，双方不存在合作的可能。也可以说，自己的幸福是建立在他人的痛苦之上的，二者的大小完全相等，因而双方都想尽一切办法"损人利己"。零和博弈的结果是一方吃掉一方，一方的所得正是另一方的所失，整个社会的利益并不会增加一分。

可以看出，负和博弈和零和博弈是一种对抗性博弈，至少要有一方作出牺牲，而正和博弈是一种非对抗性博弈。通过正和博弈，能够产生一种合作剩余。这种剩余就是从这种关系和方式中产生出来的，且以此为限。至于合作剩余在博弈各方之间如何分配，取决于博弈各方的力量对比和技巧运用。

20世纪90年代，格力在湖北拥有四大经销商，他们的业绩一直都不错，但是在一次空调大战中，这四家经销商为了抢地盘，打起了价格战。几个回合下来，格力空调在湖北的价格系统被冲击得七零八落，格力公司和经销商都没捞到任何好处。

面对这种情况，时任格力销售总经理的董明珠酝酿了一个大胆的想法，并且奔赴湖北销售前线，将自己的这个想法告诉了经销商。1997年12月，董明珠的想法成为了现实，湖北格力空调销售公司诞生了，这家公司以格力品牌为旗帜，以互利双赢为原则，是国内首家由厂商和经销商共同出资组建的空调销售公司，走股份制区域性销售的道路。

所谓的股份制区域性销售模式，就是在每个省选几家大经销商，共同出资组建销售公司，而格力只输出品牌和管理，在销售分公司里占有少许股份。湖北格力空调销售公司在成立后的第二年，销售业绩就上了一个新台阶，增长幅度高达45%，销售额达到5亿元。

1998年起，"区域性销售公司"这一营销模式陆续被推广到重庆、四川、湖南等30多个省市，在促进市场稳步发展方面取得了巨大的成功。随着销售公司的不断发展，这些公司逐渐成为格力在各地市场的二级管理机构。而这一模式也被一些权威学者誉为"21世纪经济领域的全新营销模式"。

几年后，格力空调的数千家专卖店遍布全国，国内渠道销售的比重竟然达到了85％以上，连续十年国内市场销量第一，一时风头无量。

2004年3月，成都国美私下对格力两款空调实行降价促销，引起了格力的极大不满，格力愤然退出成都国美。随着矛盾的升级，格力和国美的阶段性合作宣告结束，格力空调全面撤出国美电器。当时，很多媒体都认为格力的举动不够明智，理由是连锁渠道是未来的大趋势，格力虽然是一家品牌企业，但其影响力并不足以撼动连锁销售的走势。虽然格力空调的这一举动并不被看好，但实际上，格力的日子过得相当滋润。2004年底，格力的销售额从2003年的100亿元上升到138亿元，净利润高达4.2亿元，比2003年高出一个亿左右。

格力能在家电企业普遍不景气的情况下，取得如此辉煌的成绩，说明格力的销售模式具有极强的生命力。在这之前，还有很多人误解了格力的渠道模式，甚至把这种模式称为"自恋式营销"。

格力电器总裁董明珠认为，格力和国美的冲突是观念的冲突，事实上，走大卖场还是走专卖店，都不是绝对的。如果合作的双方能够达成共识，尽量多考虑消费者和合作伙伴的利益，那么就能进入良性轨道。

忠实的经销商队伍是格力电器开疆拓土的有力武器，格力电器不但得到了经销商的资金支持，还省去了售后服务方面的麻烦，销售公司全权负责格力空调的安装和售后服务。在品牌建设方面，销售公司充分发挥贴近市场的优势，通过当地的电视、报纸等媒介进行宣传推广工作。正是在经销商的鼎力支持下，格力电器才取得了如此骄人的成绩，销售量连续12年稳居全国第一。格力空调的成功证明了正和博弈的效果。

通过亲密无间的合作取得双赢，这已经成为了社会各界的共识，正和博弈确实是比较不错的一种选择。虽然正和博弈不一定都能双赢，但是双赢一定是正和博弈，具体怎样还是需要自己把握。

合作者赢，我们才会赢，双赢即共赢

悦读

搬开别人脚下的绊脚石，

有时恰恰就是在为自己铺设一条成功之路！

    知识经济时代，人们的观念正在逐步走向理性，我们也应该从理性的角度审视自己与社会的关系，从传统"你赢我输，你输我赢，你输我输"的竞争，渐渐步入"你赢我赢"的战略联盟。

    海尔集团与七匹狼公司的一次合作，便能有效诠释互惠经营。

    海尔集团与七匹狼公司都是品牌响当当的大企业，但在竞争激烈的市场之中，他们也曾遭遇过一段瓶颈期。随着电器行业的飞速发展，迅速蹿起的知名电器不胜枚举，服装业的竞争自不必说，其竞争的激烈程度，甚至远超电器业。在种类繁多的新商品诱惑下，人们似乎已经忘却了曾经熟知的海尔与七匹狼。

海尔集团与七匹狼公司陷入竞争的压力中。

一次偶然的机会，两家企业决定，以它们共同的力量，重新唤醒顾客对自身品牌的认知。说干就干，为了共同的目标，两家企业联合在一起，共同商讨有利于两家企业的营销对策。终于，在大家的努力之下，营销方案迅速地出来了，并且两家企业的企业精神也互相融合，达到了升华的效果。

从2002年5月开始，海尔上万家专卖店里，开展赠送由七匹狼公司提供的30万张、价值1500万元的酬宾券活动；而七匹狼公司，则在1100多家专卖网点，推出"买七匹狼T恤，得海尔彩电，品国足精神"的大型刮奖活动，活动期间，将赠送1000台海尔最新款宝德龙彩电，以及百万份小电器礼品。

为了配合此次活动，海尔总部与七匹狼公司，全面开展自己的工作。在海尔专卖店中，海尔集团的销售人员热情地将奖券递到顾客手中，不但处处体现了"真诚到永远"的企业精神，而且还将"七匹狼"的品牌形象，也嫁接到海尔的服务之中，让顾客对海尔的认识焕然一新。

另一方面，七匹狼与海尔这样的大品牌进行合作，既增加了产品的含金量，又对产品销售起到联动的作用。七匹狼公司还推出了两家面积在300平方米以上的旗舰店，增强终端的优势，更好地打造出七匹狼的品牌形象。海尔集团的1000台彩电，都打上了七匹狼的英文标识。

这次具有互融与象征意义的活动，使得两大品牌再一次深入人心！

七匹狼与海尔在营销战中的联合，不仅发挥了各自的优势，也达到了互惠互利的目的，还共同提升了品牌的含金量。

我们可以从中看出合作的重要性，现在各个行业与产业的联系，已经越来越紧密了。在竞争日益激烈的商业环境里，精明的商人，大都会寻求他人的加盟与合作。

英国经济学家亚当·斯密在经济学上的开创性贡献，就在于发现了把利己与利他、个人利益与社会利益相统一的理论。市场经济制度将人的利己心与利己行为，变成了增加社会财富的动力，还促进了精神文明的发展。

个人的智慧与能量，终归是有局限性的，要想扩大自己，就要借助合作的力量。在创业的旅途之中，都难免会遭遇诸多难题，搬开别人脚下的绊脚石，也许那块石头恰恰就是自己的成功之路所缺的。

单打独斗难成事，学会"弯腰"聚财气

悦 读

闭门只做好自己分内事的思维早就过时了，

无论身处什么行业，都要学会"弯腰"，

不要单打独斗。

　　一方集团总裁杨越在"2015中国未来经济论坛"说："目前创业成功率约5%，单打独斗真的很难。"现在的市场环境，靠自己创业真的很难。

　　聪明的创业者都明白这样一个道理，在适当的时候，选择与人合作，共享资源。他们发现，资源共享，虽然是个人资源份额的缩小，但是可以实现财富最大化。因为在与人合作、共享资源的时候，财富通道拓宽了，带来了更大的商机。

　　很多刚刚步入创业门槛的人，面临着资金不足的情况。手里有资源，但是资金不足，就像茶壶里的饺子——肚里有货，倒不出来。这种情况下，就需要与人合作，共同致富。

一个不愿意与他人共享资源，拒绝与人合作的人，事业不会很好。没有一个人是全方位的人才，只有通过与人合作，进行资源优化，扬长避短，才能在充满商机的康庄大道上一路驰骋。

懂得资源共享的人，在寻找合作伙伴的时候，也是在编织人脉网。有了人脉之后，得到的商机要比单打独斗的时候多得多。

从打工者到亿万富翁，从简单传统行业到液晶移动电视等高科技产业，吴晓斌在日本创造了财富神话。最初，日本人曾对他不屑一顾，但他用事实证明了什么是中国人的自尊和荣耀。回顾自己的成功历程，吴晓斌感慨最深的就是与人合作给自己带来的巨大利益。

可以说，吴晓斌所赚取的钱财是曾经的他不敢想象的，而这一切都来源于与别人的合作。

在日本打工长达11年，从白手起家到坐拥10多家公司，总资产过亿。吴晓斌如今身兼数职，既是日本忠成株式会社董事长、日本温州总商会会长，还是中国对外贸易协会副理事长。

1965年，吴晓斌在浙江省温州市出生，他自小就立志要做大事业。25岁的时候，他创立了自己的第一家实业公司，开启了创业历程。

1995年，他放弃了国内的安逸生活，前往日本留学。在日本，他尝尽了生活的艰辛：做烧烤、摆地摊、洗公厕……并时常受到日本人的歧视。为实现心中的信念，他坚持了下来。

1998年的一天，吴晓斌留意到日本的年轻人对手机这一日常用品追逐标新立异，产生了开发手机天线的灵感。于是他在日本开创了日本忠成贸易有限会社(2004年更名为忠成株式会社)。

之后，他回到温州，积极寻找家乡的商人一起合作，他知道仅仅依靠自己的力量是很难开发出手机天线的，与人合作不仅可以减少时间、成本，更能赢得最大的利益。吴晓斌动用自己的所有资金和从同伴处借来的20万元，只用3个月就开发出手机闪光天线。到1999年年底，他的手机闪光天线已经占据了日本市场的70％，且利润巨大。

在完成一定的资本积累后，吴晓斌开始寻求做大做强的道路。2001年下半年，吴晓斌成立以开发、生产与销售黑色家电产品为主的日本ZOX株式会社，在日本市场低迷的环境下快速发展，受到传媒与业界的高度赞赏。

在成立日本ZOX株式会社时，吴晓斌依然坚持与人合作赚最多的钱的理念。他在日本寻找合作者，与合作者共同开发、生产、销售黑色家电产品，极大地提高了运作效率，减少了成本，赚得了更多的钱财。

日本电视台曾对吴晓斌进行了专访，日本经济财政大臣和财务副大臣也对吴晓斌给予了充分的肯定。

如今，吴晓斌的公司产品已涵盖了视听、数码、通信、电子电器、汽车用品及网络等领域，集设计、生产、贸易为一体，达到6000万美元的年销售额，自己也有过亿的财产。

吴晓斌之所以能成功，是因为他懂得与人合作，能"弯下腰"找人合作。与人合作，需要宽广的心胸接纳合作伙伴，这样才会拥有更广的人脉资源，得到的机会也更多。所以，与人合作的时候，不要"放不下架子，怕丢了面子"，该退让的时候退一步，会显得你很有诚意。

诚恳些，有钱一起赚，有好处一起分

悦 读

有钱大家一起赚，

将大家的利益链捆绑在一起，

而不是做一锤子买卖。

在合作中，盲目追求自己盈利的人，最后往往只能以惨败收场！

微软公司刚起步时，比尔·盖茨与他的团队设计的第一套软件产品，是为罗伯茨的微型仪器公司提供的，双方也因此结成了合作关系。根据合同，微软公司按出售的软件数量提取版税，同时合同中也规定，微软公司不得单方面向微型仪器公司的竞争对手出售这套软件，但微型仪器公司有义务为微软公司全力推销这套软件。

在当时，罗伯茨是第一个开发出微型电脑的人，他的产品完全没有竞争对手，罗伯茨因此赚了很多钱。但短短的两年时间，成批的电脑公司跻身市场，并且这些公司生产的微型电脑质量更为优良，罗伯茨的生意日渐萎缩。但是罗伯茨没有考虑如何提高技术改进产品，却想出了一个促销的损招——搭配销售。

罗伯茨大肆宣传，顾客只需付30多美元，就可以得到一台微型仪器公司的电脑，外加一套微软公司的软件。当时，如果单买微软公司的软件，需要付500美元。罗伯茨知道，很多电脑爱好者想要的都是微软公司的软件，而不是自己的电脑，他这样做，等于是为了自己的利益，而出卖了微软公司的利益。

这种所谓搭配销售的方式，使微软软件的销量剧减，微软公司得到的版税收入也越来越少，甚至降到了每月3500美元，这点微薄的收入，尚不够支付员工们的薪水，更别说什么盈利了，而刚开始起步的微软公司，又没有其他的收入来源，如果长此发展下去，那非倒闭不可。

于是，盖茨跟罗伯茨协商，希望得到向其他电脑公司出售软件的许可，这对罗伯茨也是有好处的，他能得到其中一半的收入。但罗伯茨害怕竞争对手壮大起来，断然拒绝了盖茨的请求。盖茨没有气馁，跟罗伯茨据理力争，尽管做了许多努力，但罗伯茨就是不干。无奈之下，盖茨决定通过法律手段，与微型仪器公司解除合约，断绝合作关系。

这场官司持续了几个月，最后法庭判微软获胜，盖茨再也不用受罗伯茨的牵制了。而罗伯茨的电脑，失去了微软软件的支持，已经没有畅销的可能了。知道这一点的罗伯茨，在官司结束后，就将微型仪器公司卖掉了，转而经营一家农场。再后来，他在一个小镇上当了一名医生。

之后的岁月里，比尔·盖茨逐渐名扬全球、富甲天下，而盖茨昔日的合作伙伴罗伯茨，却已经被人们遗忘。假如罗伯茨用一颗真诚的心跟微软公司合作的话，也许现在的大富豪名单中，也会出现他的名字吧！

不少人在与人合作时，喜欢片面强调自己的利润，甚至只要有机会，还不惜损害对方的利益。这不但无法达到合作的效果，还会令自己损失的更多，唯有双方都能得到合理的利润，才能维系良好的合作关系。所谓合理利润，即指在合作各方的利益分配中寻求平衡，如果一方的利益是建立在损害对方利益的基础上的，合作自然无法持久。

但凡有远见的人，不仅会在合作中保证自己的合理利益，也会时时考虑他人的合理利益。从来都不会绞尽脑汁地考虑如何吃独食，而是想方设法支持合作者也能赢得利润，从而达到自赢的目的。无数成功者的亲身经历，都证实了唯有利益一致，才能产生真诚的合作。

在与他人合作时，与其独吞，不如共享，不妨先拿出自己的真诚，即使利益分配存在着不公，只要不是很不合理，也不要过多地计较。因为相互争夺的话，即使达到了自己的目的，也必然会耗费太多的时间与精力，并且从长远来看，也会失去一个合作的伙伴，得不偿失。

与其得不偿失，倒不如大度一些，有钱大家一起赚，有好处大家一起分，不必耿耿于怀。唯有如此，才能在良好合作的基础上，获取最大的成功！

多一个朋友多一条路

多一个朋友多一条路，
少一个朋友多一道墙。

很多事业成功的人，都很善于打造自己的人脉关系网，找一些志同道合的朋友，彼此之间进行交流，结为联盟，互帮互助，最终成就了一番事业。

王平的性格中具有一种豪气，非常善于结交朋友。他也非常喜欢交朋友，因此，他的人脉很广。有一次，他和朋友谈到选择什么创业项目时，朋友建议他做电力安装。

当时王平对电的认识全来自于初中课本，对这一行业一点也不了解，连电力图纸和施工图纸都看不懂。他走访了一些企业和单位，也问了一些朋友，找来资料和书籍进一步了解之后，最终决定就搞电力安装。

2015年6月，王平租了一家店面，建立了自己的安装队伍，正式进入电力配套项目工程领域。虽然刚刚涉足这个新行业，但王平认为这个行业不错，有很光明的发展前景。

王平说，创业过程中，有很多朋友在关心他和帮助他。以前那些朋友有困难的时候，他帮过一些忙，现在这些朋友反过来都来帮助他了。他开玩笑地说，到现在他的公司里只有他一个人是业务员，很多朋友都是不拿薪水白帮忙的。

王平接的第一个项目就是朋友介绍的，那是一家日资企业的工厂电力安装工程。日本人对工程质量的要求非常高，甚至到了苛刻的程度。王平对自己的第一个项目也是小心翼翼，质量方面也严格要求。三个月后，工程完工，日方对质量很满意。

王平还是个很善于学习的人。不管做什么生意，只要需要，他就认真去学。他从事一段时间电力安装工程后，对这一行业的熟悉程度令人吃惊，尤其是从事这一行的老手们，很难相信他这么快就掌握了必要的技术和知识。

由于朋友们介绍的业务可靠性高，加上王平跟踪项目流失的少、成功率高，他的业务发展很快。刚进入这一行，他不管工程大小，全部都做，但是第二年稳定下来后，他对工程的大小、质量等就有所选择了。

王平一直认为，靠朋友没错，但是一直靠朋友就是错的。

他进入电力安装这一行业，最初从引路人到业务乃至于施工、招聘技术人员，都是靠朋友帮忙才做到的。但是，做了一年以后，就不再指着朋友帮忙，而是以自己的信誉和品质来获取业务。如果你自己什么都做不好，朋友再帮忙也没用，自己做好了，自然会有业务。

进入电力安装行业两年来，王平做得最大的一个工程是松江开发区的一家企业，有600万元。王平说，这个工程企业原来的预算是1000多万元，他通过严密的计算，压缩到600万元。工程结束后，这家企业非常满意，后来又有一个更大的工程，还是交给他做。

现在，王平所在的城市各大区域重点工程都有他的项目，而且他的业务已经做到了其他地区，营业额高达2000多万元。

这些年的经历，王平感受最深的就是怎样做人，对待别人要诚信，交朋友可以有目的性，但是一定要真诚。朋友多了，做人就成功了；做人成功了，生意就更容易成功。

王平说他的生意之道受家乡文化的影响很大。他的为人处世方式、豪爽的性格等都是家乡人的传统美德造就的。交朋友是他最大的爱好，而把这种爱好与做生意水乳交融地结合在一起，则是他独特的本领。

多一个朋友多条路，王平的创业故事也告诉人们，一个人脉广的人，总能够得到更多商机。当你与人沟通、分享资源并建立起一个庞大的人脉网络时，每个人提供一条信息、资源共享，总能在其中寻找到适合自己的商机。

想要积攒人脉，也要试着帮助别人、将心比心，这样你的人脉才会越来越广。

给别人方便，就是给自己机会

悦 读

无论做什么，

请多为别人着想，当你心中有他人时，

你也能在他人得到便利的同时，给自己便利。

　　自私的人发现机遇的可能性往往比较低，因为他们什么事都是从自身出发。助人即助己，凡事多为别人考虑，自己的"助力"也会随之而至。

　　在巴黎有一个叫劳·克利勃的年轻小伙子，能做可口的早点，这也算是一门不错的手艺了。但他不甘于总给人打工，决定开一家早点店，自己做老板。几经周折，他终于在一个很繁华的黄金地段租赁了几间店铺，开始了他的经营之路。劳·克利勃想，只要他的早点店一开张，就必然红火得一发而不可收，因为他的手艺和其他人相比，相当精湛。

　　然而，事实并不是他想象的那样，经过一段时间的运作，劳·克利勃的早点店依然很冷清，光顾的顾客并不多。虽然这里人口集中，上班族较多，但这里的小餐馆比比皆是，他经营的早点也和其他店几乎没什么大的差别，人们不会特意选择他的店。

这让劳·克利勃很苦恼，因为他曾寄予这个早点店无限的希望，如果继续这样入不敷出，利润达不到预期效果，那就只能倒闭关门。

偶然的一次，劳·克利勃在结束了早点店一天的工作之后，到街上去散步，一个小小的修鞋摊引起了他的注意。他发现这个修鞋摊的生意特别好，特别是一些打扮入时的年轻女孩，不惜多走一段路，越过好几个修鞋摊，来这个摊位修鞋，这到底是怎么回事呢？

这引起了劳·克利勃强烈的好奇心，他走过去想看个究竟。起初，他并没有发现这里和别处有什么不同，而且摊位主人的修鞋技术也并不比别人强，那为什么人们都爱往这里跑呢？这里必然有它的特别之处。后来，他经过仔细观察才发现了其中的奥秘。

原来修鞋摊的旁边放着一面镜子，等待修鞋的人可以在这儿顺便看看自己的仪容，还可以检查修好后的鞋穿上是否影响形象。此事虽小，但人们可以在这儿看到自己的美好形象，然后信心十足地放心离去。劳·克利勃恍然大悟，原来这面小小的镜子竟是生意兴隆的重要原因，这个修鞋人真聪明！他在给人修鞋收费的同时，还免费增加服务项目，予人方便，于己有利，何乐而不为？

劳·克利勃大受启发，他立刻返回自己的早点店，着手准备重新装修。不久，店铺装修完毕，在这里就餐的顾客发现，店里的各个角落都安装了大大小小、形式各异的落地镜，各个餐桌上也都镶嵌着一面小巧玲珑的镜子。另外，还专门开辟了一间化妆室，里面有化妆镜、水龙头、一次性杯子等，再加上可口的饭菜和周到的服务，劳·克利勃的早点店每天都爆满，顾客络绎不绝。

众所周知，巴黎是个生活节奏很快的城市，一些早晨上班来不及化妆的人，如果在上班的车上化妆会很麻烦，也不安全。于是，不少人就利用等着用早点的时间，快速、简单地化化妆。这个时候，镜子是必要的需求。劳·克利勃的早点店因此很快赢得了广大顾客的青睐。在这里等待早餐时，去化妆室化好妆，顺便用一次性杯子接水漱漱口，接着用餐，既方便又节省时间。有的人借着用餐的机会顺便整理自己的仪表，用完餐临走的时候还可以通过各个角落里的落地镜，扫视一下自己的整体形象，然后神采奕奕地去上班。这种看似和早点毫无关联的镜子吸引来了越来越多的顾客，劳·克利勃不得不扩大经营，在其他地方开辟了好几家连锁店。现在，劳·克利勃的连锁店已经形成很大规模，盈利丰厚。

劳·克利勃从修鞋人那里受到启发，想顾客所想，按照顾客所需布置早点店，既方便了顾客，也因此获取了丰厚的回报。

没有对手，就不会强大

悦 读

没有竞争，就没有发展，

没有对手，就不会强大。

把对手当作伙伴，在激烈的竞争中同进步。

同行未必都是冤家，也可以是并肩作战的合作伙伴！

"经商"，并不是简简单单的两个字，而是一门大学问。假如只是一味地考虑赚钱，指不定在什么地方，就会碰触到敌人埋下的地雷。与同行之间，势必会有竞争、有合作，但是千万不要刻意针对，在自己赚钱的时候，却挡住了别人的财路，这是为自己树立敌人，是经商的大忌。不妨学学暗借之术，闷声发大财。不遭同行妒忌，就等于拿到了同行开给自己的生财通行证。

此中玄机，胡雪岩可谓是高手。

在太平天国兴起的严峻形势下，各地纷纷招兵买马，开办团练用来守土自保，特别是江浙一带，直接面临着太平天国的威胁，那里的百姓个个都人心惶惶，防务亟待加强，急需大批的洋枪、洋炮来武装新招募的士兵。聪明的胡雪岩正是瞄准了这一点，才下决心做军火生意。

胡雪岩凭着自己雄厚的商业基础与广泛的人脉关系，没过多久，就在军火生意上打开了门路，做成了几笔大生意。他做军火生意有两大原则：一是绝对不损害政府的利益。有一次，他原本想要购买一批洋枪、洋炮，但当他听说政府也在大量购进军火的时候，便立马放弃了，以免抬高了枪支价格，使得政府的利益遭受损害。二是绝不做损害同行的事情。有一天，胡雪岩打听到消息，外商运进了一批性能先进的军火。确认消息后，他马上联系到外商，然后凭借自己的经验与手腕，很快与对方达成了购买协议。眼看一笔大买卖就要成功，胡雪岩自然是喜出望外，着手进行各方面的筹备工作。

然而，正当胡雪岩高兴的时候，他却听商界的朋友说，有人指责他做生意"不地道"。原来，外商此前已经将这批先进的军火，以低于胡雪岩出的价格，拟定卖给军火界的一位同行。只是那位同行还没有付款取货，胡雪岩就以较高的价格买走了，显然，这使那位同行失去了本来稳稳当当的赚钱机会。

胡雪岩得知此事后，亲自前往那位同行的家中，与他洽商如何处理这件事。那位同行知道胡雪岩的影响，害怕胡雪岩在以后的生意中为难自己，所以没有开列什么条件，只是推说这笔生意既然胡老板做成了，那就算了吧，希望他以后留碗饭给这些同行们吃。

事情到了这一步，似乎就可以轻易地解决了，但胡雪岩却不愿这样，如此亏了同行的事，他决不为之。

胡雪岩主动要求那位同行低价购入军火，然后再以他与外商谈好的价格卖给他，这样那位同行就可以吃个差价，而且还不需要自己出本钱，不用担什么风险。胡雪岩的这一做法，不仅令那位同行甚为佩服，就连其他业界人士也敬佩之至，如此一举三得，不但做成了这笔好买卖，也没有得罪同行，还博得了那位同行的好感，在业界赢得了更高的声誉！

俗语说："同行是冤家。"为了各自的利益，互相妒忌，再到倾轧、竞争，似乎也是常事，早已司空见惯。在竞争中，或者一方取胜，另一方失败；或者两败俱伤，被第三方"渔翁得利"；或者一时难分胜负，双方维持现状，酝酿新一轮的竞争。这是所有商人都认可的市场规律，是大家能接受的。

那么，有没有既不触动对方利益，又能得利的第三条变通之路可走呢？答案是有，那就是不抢同行的饭碗。因为"同行不妒，什么事都可以成功"！就像胡雪岩那样，从不抢同行的饭碗。这并不是回避竞争与冲突，而是舍去近利，保留交情，以和为贵。最后往往能共同携手，带来更长远、更巨大的商业利益！

当同行需要援手，而自己又有能力的时候，不必落井下石、踩沉对方，总会有新的竞争对手崛起，在商业领域，没有一个人可以独霸整个行业。一个人赚不完所有的钱，与其互相对抗，不如联合起来共创辉煌！

处于不利位置时，创造囚徒困境

要善于借助别人的力量，
把自己的事变成大家的事。

　　1950年，由就职于兰德公司的梅里尔·弗勒德（Merrill Flood）和梅尔文·德雷希尔（Melvin Dresher）拟定的理论，后来由顾问艾伯特·塔克（Albert Trucker）以囚徒方式阐述，并命名为"囚徒困境"。

　　甲和乙是一起偷窃案件中的犯罪嫌疑人，他们被警察带进警局，实行隔离关押。警方虽然怀疑他们作案，但手中并没有确凿的证据，于是告诉这两个犯罪嫌疑人，对他们犯罪事实的认定和量刑完全由他们自己决定。

　　如果他们中的一个和警方合作，供认两人偷窃的犯罪事实，而另一方抵赖，那么供认的那一方就会无罪释放，而抵赖的一方则会被判坐牢10年；如果他们都供认自己和对方的犯罪事实，那么两人将各自被判8年刑期；如果甲、乙双方都不认罪，那么警方就无法掌握到足够的证据，他们将会被无罪释放。

很明显，最后一种结果对这两个犯罪嫌疑人来说是最有利的。但是，由于警方没有将他们关在一间囚室里，他们彼此没有沟通。因此，最后的结果往往是两个人互相指证对方，都获得8年的刑期。

囚徒困境的模型既简洁又有趣，是比较有代表性的例子，反映个人最佳选择并非团体最佳选择。

在赫鲁晓夫时代的苏联，有位乐队指挥乘坐火车去下一个演出地点，当他在座位上翻看当晚要演奏的乐谱时，有两名政治特务认为他是间谍，将他逮捕了。

政治特务认为他手中的乐谱是某种密码，他争辩道："这只是柴可夫斯基的小提琴协奏曲而已。"然而政治特务们不听他的解释，在进入牢房的第二天，审问者自鸣得意地走进来对他说："小子，你最好还是老实招了吧，我们已经抓住你的同党柴可夫斯基了，他这会儿正向我们交代你的罪行呢。"

这则笑话不只是讽刺了政治特务的无知和无耻，还有更深层的博弈意义。政治特务运用的花招，正是博弈中的囚徒困境。在政治特务看来，如果乐队指挥知道他的同党"柴可夫斯基"被抓住了，那么就必然会考虑："万一'柴可夫斯基'出卖我的话，我肯定会被处死，所以我还是老实交代的好。"当然，柴可夫斯基是19世纪著名的作曲家，在1893年就去世了，除去这个破绽，这次逼问还是很完美的。

有的学者曾对囚徒困境提出批评："是否招供并不能作为定罪的充分条件，定罪的前提是有足够的证据，有了足够的证据即使不招供也可以定罪，而没有证据，即便招供了，也不能定罪。"这种说法反映了该学者对辩诉交易缺乏了解。假设所有人都有一个占优策略存在，那么这场博弈将在所有参与者的占优策略上达到某种均衡，这种均衡被称为"占优策略均衡"。

在囚徒困境模型中，不论甲、乙两人谁供认罪行，都会被减轻刑罚。如果甲供认了，乙抵赖，那么甲将免于刑罚；如果甲供认了，乙也供认了，那么罪名各承担一半，从甲的角度来看，也等于是减轻了刑罚。因此，供认这一策略就是这一对囚徒的占优策略。

囚徒困境中的均衡点是建立在两个囚徒非合作的基础上的，这种非合作还能获取一定的利益。如果没有从宽处罚这一必要条件，那么这个严格优势策略也就不复存在。

博弈模型大多都是对生活的浓缩和简化，在囚徒困境中，甲、乙两名囚徒都能清醒地意识到自己身处的环境，以及实施每一种策略所产生的后果，因此，他们的策略选择是可以预知的。然而，在现实生活中，这种理想的模式几乎是无法实现的，因为存在着各种各样的干扰因素。也正是得益于这些干扰因素，我们才能通过巧妙的布局，人为地创造出囚徒困境的环境，迫使对手做出有利于自己的行动。

伍子胥是春秋时一位杰出的军事家，他性格非常刚强，年轻的时候就好文习武，以智勇双全著称。伍子胥的爷爷伍举、父亲伍奢以及兄长伍尚都是楚国的忠臣，公元前522年，楚平王怀疑太子作乱，迁怒到太子太傅身上，将伍奢和伍尚骗到郊外杀死，伍子胥提前得到消息，只身逃亡吴国。

在逃亡的过程中，伍子胥被边境守关的斥候抓住了，斥候对他说："你是楚国的逃犯，我要把你献给楚王。"伍子胥不慌不忙地说道："你只知道楚王在抓我，却不知道楚王为何要抓我。实话告诉你，楚王之所以要抓我，是因为听了别人的进言，说我有一颗宝珠，但我的宝珠已经丢失了，楚王不信，以为我骗他，迫于无奈，我才选择了逃跑。如果你要将我交给楚王，那么我就在楚王面前说你抢走了我的宝珠，楚王为了得到宝珠，肯定会先将你的肚子剖开，并且剪断你的肠子，一寸一寸地寻找宝珠，这样一来，你会死得比我更惨。"斥候听了伍子胥的话，信以为真，吓出一身冷汗，赶忙把伍子胥放了，就这样，伍子胥成功地逃离了楚国。

在这个案例中，伍子胥利用信息不对称，将斥候拉入了一种类似囚徒困境的局面。面对潜伏着的危机，人们总是抱着"宁可信其有，不可信其无"的态度，这种心理恰好给了那些处在困境中的人以机会，运用夸大甚至欺骗的方式来帮助自己逃离困境。伍子胥正是借助这种方式转换了自己的劣势处境，将自己的困境和对方捆绑在了一起，让斥候觉得他们是一根绳上的蚂蚱。

这种营造囚徒困境的思维方式是很实用的，当你处于不利位置时，可以创造出一种囚徒困境，让你的竞争对手和你一样无法置身事外，从而放下身段，主动和你进行合作。

第九章
果断：下手快，机会才是你的"菜"

要想抓住成功的机遇，就一定要果断出击，去主动捕捉机会，绝不能让机会在你面前溜走。

如何把握：抓准了就能一本万利

机会不会上门来找，
只有人去寻找机会。

机遇总是一闪而过，如果抓不住，就错失了获得成功的机会。

有一个年轻人，他怀着梦想去大城市闯荡。来到大城市后，他找了一份发传单的工作。每天在红绿灯路口，向停在马路中间的车主发小广告。干了几个月，没有赚到多少钱。

后来，他自己借钱开了一家小广告公司，自己既做老板，又做业务员，整天忙里忙外，还不停到各地去联系广告业务。

有一次，他乘火车出差。火车行驶在一片荒无人烟的旷野当中，车上的乘客们一个个都百无聊赖地向窗外张望着。

前面不远有一个拐弯处，火车减速行驶。一座简陋的平房缓缓地进入年轻人的视野。几乎所有的乘客都瞪大眼睛"欣赏"寂寞旅途中这道特别的风景。乘客纷纷议论这座房子，有的说这房子如果再盖大些就好了，有的说如果把房子拆了建座公园就好了，有的说建公园不靠谱，种些树倒是不错……

年轻人并没有听这些人在议论什么，他的心早已被这座房子牵住了。返程时，他中途下了车，四处打听，终于找到了房子的主人。他询问房子的主人房子是否能够出售？房主告诉他，每天火车都要从门前驶过，噪音实在让他难以忍受，所以他早就想低价卖掉房子了，但很多年了一直没有人买。

年轻人与房主商量，要买下这座房子，房主自然高兴地答应了，双方议定价钱为3万元。

不久，年轻人用3万元买下了房子，他觉得这座房子正好处在拐弯处，火车只要经过这里，都会减缓速度，疲惫的乘客一看到这座房子都会精神一振，用来做广告是再合适不过了。如果有大的广告商能够合作，那他将会得到一笔相当可观的收入。

之后，年轻人和一些大公司联系，推荐房屋正面这道极好的"广告墙"。最后，这面"广告墙"被可口可乐公司看中了，他们认为在这儿做广告肯定能起到相当不错的效果。

就这样，年轻人将"广告墙"租给了可口可乐公司，而可口可乐公司付给年轻人3年的租金是18万元。

在这个世界上，并不缺少机遇，缺少的是发现机遇的眼睛。只要能够仔细观察生活，悉心感受生活，就会发现，在生活的每个角落里，似乎都隐藏着机遇。只要抓住了它，就能够变得更加富有、就能成功。

每个人的心中都有梦想，即使身处环境再恶劣，也不要让任何一个能够实现梦想的机遇从身边溜走。

如何把握机会，这里有一些建议：

建议一：精准评估自己的能力。

同样的一份工作，并不是每个人都能胜任的。有的人做得很好，有的人做得一塌糊涂，应该用心地找出自己的特长，在自己有把握做好的领域里寻找机遇。

建议二：精准评估机遇的好处。

有些机遇是会自己找上门来的，至于你想不想把握，就得精准评估这份机遇对你来说有什么好处，值不值得拥有，是不是真的在力所能及的范围之内。

建议三：有机遇就要付出努力。

有机遇，可是如果不努力，还是看不到未来。有了机遇，并不是就能停步不前，而是要更加努力，否则，一切都是虚幻。

建议四：审时度势，量力而行。

机遇也伴随着风险，一定要分析情况，看自己有没有抓住机遇的同时又能把控风险的能力，千万别被看似美好的机遇蒙蔽了眼睛！

犹豫不决只会错失良机

我们心中的疑虑是个叛徒，畏惧踏出尝试的步伐，

往往会让我们失去获胜的大好机会。

想好了就去做，虽然不一定能够成功，但是至少可以收获经验。

或许很多人都听过这样一则小故事：一头毛驴幸运地发现了两堆草料，于是这头毛驴就在想该先吃哪一堆更好呢？它在两堆草之间徘徊，一直拿不定主意，最后它守着近在嘴边的食物却被活活饿死了。或许很多人都会嘲笑故事中的小毛驴太傻、太笨，但是这则小故事中的道理对很多人来讲都有很大的现实意义。

事实上，我们身边不缺乏像那头小毛驴一样的人，他们不懂得如何选择，总是在徘徊、犹豫不决，以至于在面对大好机会的时候，错失机会。

那些遇事举棋不定、犹豫不决的人，曾经有过很好的机会出现在他们面前，可是他们却没能抓住，不是因为他们没有能力抓住机会，而是因为他们的犹豫不决。

所以，无论是做事还是追求事业，都要能够果断地做出自己的选择，无论选择是否正确，只有做了才能知道结果，才能获得经验，才会有意外的收获。

很久以前的一天，伦敦的一个剧场内正进行着一场演出，谁知，台上的演员刚唱了两句就唱不出来了，台下顿时嘘声四起。

许多观众嚷嚷着要退票，剧场总管一看势头不好，只好找人救场，找了一圈也没有人愿意站出来，这时，一个五岁的小男孩跑了过来对总管说："让我试试，行吗？"总管看着小家伙自信的眼神，便同意让他试试。小男孩毫不畏惧地上了台，在台上又唱又跳，把观众逗得特别高兴。他的歌刚唱了一半，好多观众便向台上扔硬币。小家伙一边滑稽地捡钱，一边卖力地表演。在观众的欢呼声中，他一下子唱了好几首歌，演出大获成功。

后来，法国著名的丑角明星马塞林准备在一个儿童剧中和大家同台演出。当时，马塞林的节目中刚好需要一个演员演一只猫，因为马塞林的名气，许多优秀的演员都顶不住压力，不敢轻易接受这个角色。那个小男孩知道这个消息后，又勇敢地接受了这个角色，结果他和马塞林配合得非常默契，马塞林非常欣赏他。

这个小男孩，就是后来名扬世界的幽默艺术大师——卓别林！

卓别林成名之后，很多和他一起演出过的同事都觉得非常后悔。机会曾经公平地放在他们面前，不同的是卓别林毫不犹豫地抓住了机会，而他们却顾虑太多，一次又一次地错过了机会，和成功擦肩而过。

为什么人会犹豫不决？

首先，犹豫不决是严重不自信的一种表现，是对自己能力的怀疑，因为不知道自己的决定是否能获得好的结果，所以才会惶恐不安、拿不定主意。

其次，犹豫不决是一个人能力不足、认知缺失的体现。曾经有位哲人说过这样一句话："犹豫不决是以无知为基础的。"因为有些人对事物、对工作的处理方式，总是缺乏快速、敏捷的分析与判断，对工作缺乏全局的理解和判断，不懂审时度势，不能抓住问题的目的和重点。

再次，一个人会犹豫不决还因为顾虑较多、欲望太多，总是对好的事物有太多渴望，却接受不了失败的打击。所以总是在挣扎着，幻想成功后会得到什么样的回报，万一失败后又要承担什么样的后果，在这两者之间他总是很难抉择。

要想改掉犹豫不决的坏习惯就要培养自信，只有从内心强大起来，抛弃顾虑，才能锻炼出当机立断的能力。

另外，不仅要懂得当机立断，还要有足够的耐心等到机会的降临，只有这样才有可能抓住机会。

谁会"抢",谁就能独占鳌头

先疾后徐,先声夺人,徐图良策。

在当今竞争日益激烈的信息社会,成功的商人都不会自欺欺人:"不用着急,早一点晚一点差别不大。"他们深知,机遇是可遇而不可求的。谁会抢,谁就能独占鳌头。要想取得别人不能取得的成就,做到别人不能做成的事情,首先应该做到的就是抢占先机,唯有如此,才能够抓住商机。

香港著名的商界巨头、有"亚洲股神"之称的李兆基先生就通过抓住每一个机会,抢占先机,缔造出一个个商业奇迹。他的座右铭是:先疾后徐,先声夺人,徐图良策。

比尔·盖茨为什么能有今日成就,除了他善于把握机遇外,还因为他深深地了解"抢"的重要性。在公司的危急关头，他总是果断地采取措施，抢在别人前面，因而获得了成功。

1982年，机关报创立的莲花公司推出了一套"莲花1-2-3"软件，它将为那些无法使用电子表格的客户提供帮助。面对这一严峻形势，1983年9月，盖茨秘密地安排了一场小型会议，把微软最高决策人与软件专家关在西雅图的汇狮宾馆里，开了整整三天的"头脑风暴会"。盖茨宣布会议的宗旨只有一个，即尽快推出世界上最高速的电子表格软件。

青年学者克郎德主动请缨，申请主持这套软件的设计。向来不论资排辈的微软，将机会给了克郎德。比尔·盖茨最终敲定的名字"超越"，人人都能嗅出挑战者的气息。

对于微软公司而言，他们要想实现比尔·盖茨所号召的"超越"，首先就要超越自我。但是，事情很快就发展得出乎人们意料。

1984年元旦，计算机历史上一个影响深远的个人电脑诞生了：苹果公司推出了以特有的图形"窗口"作为用户界面的个人电脑，乔布斯将其命名为"麦金托什"。"麦金托什"以其最好的用户界面走向市场，向IBM的PC个人电脑发起挑战。

1984年元旦，正当克郎德与程序设计师们忘我地工作，"超越"电子表格软件已见雏形的时刻，盖茨正式通知克郎德马上放弃对IBM的PC个人电脑"超越"软件的开发，转向为苹果公司"麦金托什"开发一样的软件。

年轻气盛的克郎德无法理解，决定辞职，但出于责任仍尽心尽力地做完善后工作，他就把已写好的部分程序向麦金托什电脑移植，制作了几盘如何操作"超越"的录像带。9个月后，克郎德头也不回地走出微软的大门。

克郎德失望地离开微软后，在西雅图没有谋求到合适的职位，准备前往加州碰碰运气。在火车上，小偷趁他睡觉时，把他的财物洗劫一空。克郎德身无分文，不得不沮丧地返回出发地。当落魄的克郎德出现在微软大门时，盖茨松了一口气：

"上帝，你总算回来了！"从此以后，克郎德专心致志地把"超越"认真收尾完工，还为它添加了一个十分实用的功能：模拟显示。

这个时候的莲花公司在"莲花1-2-3"的基础上乘势推出了"交响乐"软件，拼装了文字处理与通信，表、库、图、文、通，五位一体，堪称"集成软件大全"。最让盖茨感到忧心的是，莲花公司也正为"麦金托什"电脑开发软件，命名为"爵士乐"。微软决定加快"超越"的研制步伐，抢在"爵士乐"之前吹响"超越"的号角。

1985年5月的一天，盖茨一行人来到纽约中央公园附近的一家宾馆，隆重举行"超越"新闻发布会，苹果公司的乔布斯亲自去现场发表讲话以示支持。自此以后，苹果公司的麦金托什电脑大量配置"超越"软件。

莲花公司的"爵士乐"相比"超越"而言，足足延后了5周。这5周决定了它失败的命运。到1987年的时候，市场报告表明："超越"89%的市场占有率远超"爵士乐"的6%市场占有率。

无论是个人还是企业，在发展过程中，总是需要不断地与时间赛跑，与对手竞争。只有跑在前面才会赢得最终的竞争。有时，哪怕只是超过对手一个月甚至一天，都很有可能带来天壤之别的后果，使个人与企业的命运发生极大的变化。

速度快带来的不仅仅是直接产生的商业利益，还包括非常大的现金流量，更高的盈利能力以及更高的市场份额。所以，不管做什么事，不管在哪些方面，都要抢到别人前面才行。

1983年，当时正担任中国光大实业公司董事长的王光英看到一份工作人员递交给他的报告，内容是：智利一家倒闭的铜矿由于着急还债，急需处理一批二手矿车。这批矿车皆是倒闭前不久矿主为加快工程进度而采购的，几乎都没怎么用过。矿车全部是名牌车，总数共1500辆。

王光英一拍大腿，认为时机来了。他立刻派人与矿山老板取得了直接联系，表明自己的意愿。与此同时，由负责购车的专家和工作人员组成的派遣组也火速成立。临出发之前，王光英告诉他们，一定要有足够的勇气，要坚信自己的判断力，不要每件事都向我请示，只要你们认为车好、价格也可以，就快速成交。

这位矿主虽然已经破产，可他对即将出手的1500辆车保护得很好。这些卡车载重7吨到30吨不等，矿主租用了一个大型体育场，将这些矿车整整齐齐地摆放在这里，而且他让工人将所有的车都精心地涂抹了防锈油。派遣组人员看到这些车的时候，忍不住交口称赞。他们一丝不苟地验车，各项指标的确令人满意。派遣组人员丝毫不敢耽搁，看完车之后就与矿主讨价还价。矿主因为还债心切，双方很快以原价八折的价格成交了。协议刚刚签订，一位美国商人就来到了这里。

王光英的这次火速决策，净赚了2500万美元。试想，如果他面对信息没有火速行动，那批车说不定就被那位美国商人抢去了，2500万美元也会揣进别人的腰包。

泰戈尔说过："有些事情是不能等待的。假如你必须战斗或者在市场上取得最有利的地位，你就不能不冲锋、奔跑和大步向前。"

机遇就在距离我们不远的前方，关键就在于"抢"，凡是独具慧眼，在竞争中，抢先到达者，往往能一举夺魁。

当然，要做到抢在前面，就需要培养敏锐的眼光，善于看准时机，果断决策，马上行动。只有这样，成功才指日可待。

市场万变，不快就会被"吃"掉

悦 读

天下武功，无坚不摧，唯快不破！

思科CEO钱伯斯在谈到新经济的规律时说，现代竞争已不是大鱼吃小鱼，而是快的吃慢的。这就是快鱼法则，他认为在新的经济环境下，竞争成了市场的主旋律，几乎所有的企业都用尽浑身解数来抢占市场，扩大自己的销量。

古龙的小说里有这样一句话："在江湖上，谁的刀快，谁就有理！"这里所说的"快"无非两种含义，第一是锋利，第二是速度快。虽然削铁如泥的利刃在决斗中占有很大优势，但是出刀的速度却是生死存亡的关键。"兵贵神速"，慢半拍，就有可能全局皆输。假设人们在消化知识和运用知识上没有太大的差异，那么，在这种情况下，谁能更快地获得知识、做出行动，谁就能在市场中获胜。

"快鱼"法则还适用于企业内部的管理，对提高年轻人的工作效率有很大作用。同样的一件事，有的人要用两个小时做好，有的人只用一个小时就能做好，很明显，后者就属于"快鱼"。快鱼能在有限的时间里做更多的事情，自然也就比其他人更具有竞争优势。如果刚步入社会的年轻人能有一种"快鱼"的紧迫感，摒弃消极和拖延的坏习惯，让自己多一些责任感，少一些借口，那么必定会在职场的博弈中取得骄人的成绩。

赵平和牛莉是刚毕业的大学生，他们进入同一家跨国公司面试。

在面试的过程中，人事主管认为这两个人的表现都不错，而且专业水平也不相上下。然而适合他们的职位只有一个，这让人事主管感到非常为难，不知该如何取舍。最后，人事主管想到了一个好主意，那就是让他们去市场上调查一种医疗器械的市场前景，这种医疗器械实际上是子虚乌有的，是人事主管自己杜撰出来的。

然而，人事主管在给赵平和牛莉介绍这种医疗器械时，却言之凿凿地说，他和秘书都亲身体验过，效果非常好。人事主管最后强调："第一个写出调查报告的人，立刻就能上班。"

赵平和牛莉走后，人事主管非常得意，忍不住在办公室里猜：究竟谁能最先想到这个试题是假的呢？正在这时，秘书敲门而入，对人事主管说："这是赵平的答卷。"人事主管翻开答卷一看，上面只有一行字：经调查证实，这种医疗器械并不存在！人事主管大吃一惊，赶忙把赵平叫了进来，问他是如何猜到试题答案的。赵平笑着说："我没有猜，我问了您的秘书，她告诉我，她从来没有听说过这种医疗器械，更没有亲身体验过。"人事主管高兴地拍着赵平的肩膀说："恭喜你找到了正确答案，明天你就可以来上班了！"

一个礼拜后，人事主管的秘书接到了牛莉的电话，在电话里，牛莉向她咨询那个所谓的医疗器械到底是什么东西。秘书向牛莉做出解释后，对她说："非常抱歉，你问得太晚了，赵平已经上岗了。"

如今的市场风云瞬变，谁能抢先获得信息，在最短的时间内进行应对，就能捷足先登。要想在瞬息万变的博弈中脱颖而出，速度是关键。正如那些在非洲大草原上的动物一样，当它们迎着太阳奔跑的时候，狮子知道，如果自己的速度跑不过最慢的羚羊，那么就会被饿死；羚羊也明白，如果自己的速度跑不过最快的狮子，那么就会被吃掉。

当你真正地适应了快鱼法则，那就可以接触知名企业海尔掌门人张瑞敏的"鲨鱼理论"了。其认为，在市场经济发达国家，企业兼并经历三个阶段：第一个阶段是大鱼吃小鱼，也就是通常所说的弱肉强食；第二个阶段是快鱼吃慢鱼，那些技术先进的企业会吃掉技术落后的企业；第三阶段是鲨鱼吃鲨鱼，也就是强强联合。

想当千里马，就先跟别人拼一拼速度

悦 读

想让机会青睐，就不要慢半拍。

　　若想知道自己抓取机遇的把握有多大，首先就必须正确认识自己。不能评估自己，无形中就比别人慢了半拍。对一个渴望创业成功的人来说，要清醒地给自己定位，在此基础上努力才能获得成功。

　　一般批评一个人自高自大常会这么说："这个人不知道自己有几斤几两。"意思是说他对自己不了解，所以有点不知天高地厚。自大是需要有资本的，当你没资本没实力的时候，自大只会让机遇白白溜走。

　　有位名人曾说：你认识你的脸庞，因为你照镜子时经常看到它。在寻找机遇的同时，要清醒地认识自己。假设有一面镜子，在镜子里你可以看到完整的自己，看到自己心里所有的事情，所有的感受、动机、嗜好、冲动及恐惧，这面镜子就是关系的镜子。

与别人拼速度不能盲目，要找准自己的定位。有些人频繁跳槽，但总找不准自己的位置。这些人大都只考虑经济效益、物质待遇、职业热门以及是否体面，从没考虑过自己是否适合这份工作。随着年龄的增长，他们慢慢地发现自己的事业乱七八糟，取得的成就微乎其微。

在机遇面前，我们要清醒地知道自己的优势在哪里。如果定位错了或者没有定位，第一步就走错了，离成功的航标就只会越来越远。

江西果喜集团董事长张果喜认为，市场需求就是奋斗目标。

起初，张果喜以1400元的资金创办了"余江工艺雕刻厂"。一次偶然的机会，他在上海看到了一座日本佛龛，一下子就被吸引住了。佛龛的标价在他看来简直是天文数字，那只不过是一些木雕板组成的，竟值那么高的价，如果让自己的工厂做，那不很快就能发大财了吗？

张果喜也知道，佛龛的工艺要求非常高，几尺见方的一小块却是由几千块雕龙画凤的雕版拼合的，看起来既精致又高雅，的确算得上是上等的工艺精品。日本的佛教很兴盛，日本人中信佛教的占大多数，而且日本的众多佛教流派多以居家修行为基本教义，出家人也都在自己的家里开佛堂，念佛经。许多普通家庭都很虔诚地供着佛龛，因此佛龛在日本的销量非常大。

张果喜揣摩着，这种佛龛销售价格那么高，如果我们厂里能做成功，只要再打开销路，就能打响牌子，所以不管困难多大也要想办法弄好！

不过，在中国，有能力做佛龛的也只有木雕之乡东阳的那些技术力量强大的木雕厂，而余江工艺雕刻厂的工人只怕都没见过这种特殊的雕刻图案。

但张果喜还是与上海进出口公司签下了一份做50套佛龛的合同。

回到厂里，张果喜自任攻关组长，亲自把技术关口，整天泡在车间里，有时候一天待在车间的时间就有20小时。

经过张果喜的不懈努力，余江工艺雕刻厂取得了巨大成功，攻占了日本佛龛市场的大半江山。并将这个起初只有21名工人的木工小作坊发展为一个涉及广泛、与国际市场接轨的综合型企业集团，成为江西省出口创汇重点骨干企业，为当地经济的发展发挥着极其重要的作用。

真正的千里马，都有清晰的目标，会不畏艰险地朝着自己的目标迈进。在机遇路上，拼的就是速度。

台湾的西餐厅数不胜数，有成千上万个西餐厨师，但是能在法式西餐界叫得出名号的厨师，Jimmy称得上是第一人。他一手创立的"法乐琪"，早已是政商名流的最爱，年营业额达1亿元，Jimmy靠着用心与野心成就了他的财富与名声。Jimmy家境清寒，初中毕业就到餐厅当学徒，但是跟其他学徒不同的是，少年Jimmy就已决定要出人头地。他花了一年半的时间补习英文，考进来来饭店，受到老板蔡辰男的赏识，留职带薪送到日本学法式料理。老板对Jimmy抱有高度期许，Jimmy对自己的要求也就更高，继续勤练法文，自掏腰包到法国巴黎大饭店学习纯正的法国料理，几年后便坐上来来饭店安东厅顶级厨师的位置，年薪高达200万元。但是Jimmy继续力争上游，拿出仅有的150万元存款及抵押房子的贷款，开创法乐琪。过去培养的政商关系与高超厨艺，使得法乐琪迅速打响名号。这位初中毕业的小学徒靠着想要出人头地的强烈事业心，终于创造上亿身价。

假如你是千里马，就要靠企图心来驱使自己加快成功的速度。但光有企图心而不采取行动是抓不住机遇的，企图心不是凭空等待，有了企图心想要创出一番大事业，就应该起而擘画，进而付之行动，最终才能实现愿望。

每个人都渴望自己是千里马，都希望能找到机遇并获得成功，成为别人仰视的对象，但是这一切的前提是有这样的资本。要想最终成为众人眼中成功的佼佼者就必须强大自己，而强大自己的必备能量就是有想把事情做好、做大的企图心。有了它行动起来才更有动力，人生才会更加精彩，才不会认为自己是白白地来到人间走一遭。

一定要明确自己的目标是什么，只有设定了目标，人生之旅才会有方向、有进步，明确的目标能指导人们的行动。

少一分顾虑，就会多一分成功

悦读

善于决断才是找到机遇并促成成功的保障，
优柔寡断给人最大的负担是精神上的压力。
在慎重行事的同时，少一分顾虑，就多一分成功的可能。

    当机遇来临，如果优柔寡断，只会错过机遇。有些人的优柔寡断简直到了无可救药的地步，他们不敢决定任何事情，不敢担负起应负的责任。而他们之所以这样，是因为他们不知道事情的结果会怎样，究竟是好是坏。他们常常对自己的决断产生怀疑，不相信凭自己就能解决重要的事情。

    因为犹豫不决，很多人的美好想法破灭。机遇来了，就要果敢地去抓住它。有的人面对来之不易的好机会总是拿不定主意，总是询问别人，十个人中有九个人说不能做，便会放弃。

    人总是害怕担风险，很多人因此抓不住机遇。他们都想去投奔现成的成功者，而不愿意为潜在的成功者投资。这是一种极不明智的选择，试想一下，如果一家企业做大了，一个人成功了，你才去跟着人家，对那个人而言，你是可有可无的存在。但是如果你跟着一家刚创立不久的公司一起努力打拼，共同创业，那么老板成功后，你就是大功臣。

为什么人们不敢拿自己的青春赌一个光明的未来呢？因为不愿意相信别人，也不愿相信自己。缺少判断力，担心永远都是万一没有成功怎么办？这些人大多数缺乏耐心等待，没有信心坚持，更不能用心工作。

沃尔玛超市连锁店的创始人山姆·沃尔顿，在1983年的时候，他的一位助手向他建议，投资2400万美元建立沃尔玛自己的卫星网络系统。当时谁也没有把握这么大的投资是否有用处。可令人没有想到的是，沃尔顿竟同意了，他觉得这能够让他与自己众多的员工保持一种密切联系，除此之外，还可以让他能够更好地了解每家店的销售情况。那时沃尔玛连锁店已经有1000家之多，靠个人巡视的办法已经不行了。卫星网络使沃尔玛在与其他连锁店竞争时获得了极大的信息优势，销售额迅猛增长，1985年才85亿美元，到1995年就增长为935亿美元，2004年为2880亿美元，创造了历史纪录，沃尔玛也成了全球最大的零售公司。

面对高风险的投资，山姆·沃尔顿凭借自己的判断，果断地同意了，事实证明，这项投资获得了巨大的成功，成就了沃尔玛全球连锁的神话。正所谓"将三军无奇兵，未可与人争利，凡战者，以正合，以奇胜"。司马迁《史记·货殖列传》中也有"治生之正道也，而富者必用奇胜"。做出一项常人难以理解的判断，是推动事业大发展的机遇。

在清代，山西太谷县有一位曹氏商人，有一年他看到高粱长得茎高穗大，十分茂盛，但他觉得有些异样，随手折断几根一看，发现茎内皆生害虫。于是，他连夜安排大量收购高粱。当时好多商人都认为丰收在望，便将库存高粱大量出手。结果高粱成熟之际多被害虫咬死，高粱歉收，而曹氏商人却获得大利。

经商是一门学问，发现了机遇就要做出决断才能成功。商人需要懂得出奇制胜，要有自己的经营技巧，走出自己独具一格的新道。反之，如果商人一味地跟随别人的脚步，那么就只能是第二个吃螃蟹的人。

机遇就在决断之中，成功也源自决断。机不可失，失不再来，这是一个浅显而深刻的道理。很多人总是寻求保险、举棋不定，什么事一定要和他人商量。这种主意不定、意志不坚的人，自己都不相信自己，更不会为他人所信赖。

在追求成功的路上，幸运和倒霉往往与是否果断地抓住了机会有关。人不能够一味追求完美，过度的完美主义会让我们在做不到的时候感到自卑，甚至放弃自己。要想从根本上克服不够决断的弊病可以从以下几方面入手：

一、看到机遇，就要在行动之前，反复冷静地思考，给自己充分的时间思考问题。

二、一旦看准机遇，有了心理准备，就立即行动，迟疑是最大的禁忌。

三、不论心情好坏，每天要有规则地持续工作。

四、在机遇面前不要浪费时间，要把握住现在。

五、要有远见、有计划地工作，搜集对将来有用的情报，一点一滴地积累。

第十章
行动：坐以待毙不如背水一战

目标再伟大，如果不去奋斗，永远只能是空想。成功在于意念，更在于行动。只要行动起来，生活就会走上正轨而创造奇迹，做任何事，只要你迈出了第一步，然后再一步步地走下去，你就会逐渐靠近你的目的地。

行动创造奇迹

只有行动才有收获，只有坚持才有奇迹。

拿破仑有一句名言："我总是先投入战斗，再制定作战计划。"这句话的意思并不是说计划没有任何意义，而是在告诉人们，行动永远要比计划重要。想要让现状有所改变，就要付出行动，只有行动才能够使人变得"更好"。因此，要想实现自己的目标，就要积极地行动起来，只有行动起来，才能够走上轨道。在很多情况下，行动还能将不可能转化为可能，创造出让人难以想象的奇迹。

乔治·丹特齐格在加利福尼亚大学伯克利分校读硕士的时候，有一次上课迟到了。他走进教室，匆匆忙忙地记下了教授写在黑板上的两道数学题。他以为，这是教授给学生们留的课下作业。为了完成这两道数学题，他冥思苦想了几个晚上，一直没有结果。但是他不愿意让教授对他失望或不满，就一直坚持着。

几天之后，他终于解开了那两道难度很大的数学题。他把作业带到了教室，放在了教授的桌子上。

很长一段时间之后的一个早晨，尚在睡梦之中的乔治被一阵急促的敲门声惊醒。当他打开门的时候，发现教授站在那里，脸上带着兴奋的表情。他满腹狐疑，还没有张口问什么事，就听教授大声地说道："乔治，乔治，你把那两道题都给解出来了，你实在是太厉害了！"

看着欣喜若狂的教授，乔治满脸迷惑："是啊，我解出来了，那不是你留的作业吗？值得您大老远跑来告诉我这件事吗？"经过教授的一番解释，乔治才明白，原来黑板上的那两道题并不是什么课下作业，而是数学界有名的难题，许多有名的科学家多年努力也没能解决，而乔治用了几天的工夫就把它们解开了，让教授感到有些不可思议。

后来乔治说："如果事先有人告诉我这是两道数学界著名的难题，或许我就没有勇气去试着解它们了，幸运的是我不知道，直接就去做了。"

我们不难从这件事中看出，行动能够创造出惊人的奇迹，本来一些事情看起来是非常困难的，但是付出了实际行动之后，能够得到顺利地解决。假如不采取任何行动的话，即使是一些简单的事情也无法得到改变。

有句话叫作"一个画面胜过千言万语"，我们也可以这样说，一次行动抵得上千百次设想。只有付出行动，才有可能够改变人生，创造奇迹。

从前，有两个和尚，一个很贫穷，一个很富有。穷和尚瘦骨嶙峋，连一件像样的衣服都没有；富和尚脑满肠肥，大腹便便，有很多家产。

有一天，穷和尚找到富和尚，对他说："我打算过几天到南海去一趟，你觉得怎么样啊？"

富和尚感到不可思议，不由自主地打量了一下穷和尚，用十分傲慢的语气对他说："南海是一个好地方，我很早就想去那里了，只不过到现在为止，我还没有足够的条件。你吃了上顿没下顿，想去南海岂不是异想天开吗？我问你，你凭借什么东西去南海呀？"

穷和尚说："一个水壶、一个饭钵就足够了。"

富和尚听了，笑得更欢了，指着穷和尚说："你以为南海就在山脚下啊，只需要一顿饭的工夫就能走到？去南海来回有好几千里路，需要两年！再者，路上会遇到很多的艰难险阻，如果没有充足的准备，说不定你就会客死他乡。如果你想去南海的话，还是等一段时间和我一起去吧。等我准备好充足的粮食、医药、用具，再买一条大船，找几个水手和保镖，就带着你一起去南海。你想凭着一个水壶和一个饭钵去南海，简直就是白日做梦，我劝你还是算了吧。"

穷和尚听了富和尚的嘲笑，没有和他争辩，第二天就带着他的水壶和饭钵踏上了去南海的路。一路上，遇到有水的地方就盛上一壶水，遇到有人家的地方就去化斋。尽管路上遇到了很多艰难困苦，但是他始终没有放弃，一直朝着南海前进。一年之后，他终于到达了目的地。

两年后，穷和尚带着水壶和饭钵从南海归来，不过，此时的他，已经不再是当初那个没有见过任何世面的穷和尚，而是一位阅历丰富、知识渊博的禅师了。

两个和尚，富和尚最有条件去南海，但是他觉得自己的资源有限，条件不足，准备不充分，就一直没有采取行动。穷和尚虽然一无所有，但是，他却能够及时地采取行动，最终到达了南海，实现了当初的愿望。

世界上最悲哀的事情就是一个人只想不做，或者是不敢去做。尽管有些人对未来有着种种美好的渴望和憧憬，但是却因为各种各样的原因，不敢迈出脚步，最终，只能停留在原地，生活没有丝毫的改变。而有些人尽管能力不足，物质条件有限，却能够无所畏惧地去做，最终创造了令人不敢想象的奇迹，同时也让自己的生活有了一个质的飞跃。

商机不会无怨无悔地等你

一个人既有成算，

若不迅速进行，必至后悔莫及。

人想要改变自己，就需要一些机会。在创业中奋斗的人，只有抓住机遇、迅速行动，才有可能获得成功。

中国富通集团有限公司董事长王建沂说："有创业之梦的人很多，问题是如何让梦想变为现实。我想，最重要的还是要抓住机遇。而要抓住机遇，就必须理性而果断。1987年的时候，我主动放弃邮电局这个在人们眼里令人羡慕的工作，创建富阳通讯材料厂，当时的厂房是一间用毛竹和油毛毡搭建的不足40平方米的简易房屋，共有7名工人。当时不少人不理解我为啥要吃那个苦，可当过邮电职工的我知道：铁芯电话线将是市场所需，所以我把自己仅有的几万元钱全部投了进去，结果当年就创造了50万元产值。"

成功的商人都是在认准商机之后，迅速采取行动，毫不迟疑。罗云远的成功就说明了这一点。

1995年的一个中午，罗云远正与一大帮朋友在一起吃饭。当时，罗云远随口询问一位在电力系统工作的朋友，下一步有什么打算。那朋友说，湖北省电网很快要开始改造。

正所谓"说者无心，听者有意"。正是这句不经意的话，让罗云远看到了商机。

罗云远心想：改造电网，一定离不开电表、电线以及电缆之类产品的需求。家家户户都需要电表，这可是大买卖呀！

于是，罗云远很快赶到浙江老家，精心挑选了一家中外合资的五金厂，签到该厂电表在湖北地区的独家代理权。当时，大多数人还没有意识到这个商机呢！因此，罗云远的谈判可谓一帆风顺。

当电网改造的消息正式传开时，罗云远手上的优质产品已经成为湖北地区的畅销产品，其他人再想要去浙江进货，独家代理权早已被罗云远签走了。

罗云远通过一番谈话，找到了商机。他明白商机不等人，就迅速采取行动。机不可失，时不再来，在罗云远已经成为独家代理商的时候，别人才意识到电网改造带来的商机。

一个人想要获得成功，单单认准机遇还不行，还必须有超强的执行力，拿出行动，把握机遇。用自己的行动，培育丰硕的果实。现实生活中，有很多商人都是能认准商机、迅速行动的人。

机遇是随机出现的，它是影响成功的偶然因素，但有时却起着决定性的作用。很多人认为自己之所以没有成功，就是缺少像成功者那样的机遇。古代马其顿国王亚历山大在打了一个胜仗之后，有人问他，假如有机会，想不想攻占第二座城市。"什么？"亚历山大大怒，"机会？机会是我自己创造的！"

所以，面对机遇，不要等，而是要主动出击。认准商机，就要迅速行动。只要敢想，努力去做，就没有实现不了的梦想！

商机不是你的私家车，它不会无怨无悔等着你。它在你面前出现的时间很短，你一不留神它就会和你擦肩而过。但是，只要你认准商机，看到它的存在，抓住了它，你的人生就有可能开始腾飞。

并不是所有人都能在商机到来的时候抓住它。"往者不可谏，来者犹可追"，失去商机的时候，也不要灰心丧气，继续朝着自己的目标不停地努力。正如法国科学家巴斯德说的：机会总是偏爱有准备的人。

路是"走"出来的，不是"想"出来的

没有高远的梦想，光靠埋头苦干不会有大出息；

然而没有实干的精神，空有宏大的梦想，

也只会一事无成。

心动不如行动，迈出行动的第一步，成功的概率就会提高。人最可悲的一句话就是："我当时真的应该那么做，可我没有。"还有不少人总是说："若是我当初……如今早已经……"可惜，生活中没有那么多假设。

可能大家都懂得"想到就做"的道理，但是并没有将这个原则用到自己的经历中，所以未能改变现状。

让理想成为现实的最好方法就是立刻行动，努力去做。尽情地去拼搏，人生才会越来越精彩，梦想才会越来越近。只要你敢于付出，而不仅仅是幻想，那么，即使最终没有成功，你也不会后悔。

人们热衷于谈论梦想，把它当作口头禅，一种对日复一日、枯燥贫乏生活的安慰。很多人带着梦想活了一辈子，却从来没有认真地去尝试实现梦想。

有个人一直都想去欧洲旅行，他为自己制定了一个非常完美的旅行计划。他先是花了几个月的时间查找相关资料，接着又研究地图，订了飞机票，还制定了详细的日程表。他标出自己要去参观的国家及地点，甚至每个小时干什么都计划得很清楚。

一位朋友听说了他此次旅行的安排，便到他家里做客，问："法国怎么样？"

这个人回答："我想，那里应该还不错，可是我没去。"

"啊！你准备了那么久，怎么放弃了？出什么事了？"朋友惊讶地问。

"我喜欢制定旅行计划，可我讨厌坐飞机，受不了。所以，我一直待在家里。"

想做成一件事，光有想法和计划是不够的，必须有一颗一定要把此事做成的心，还要配合确切的行动，坚持到底。只有这样，才能够成功。

所以，光有理想是不够的，行动的力量才是实现理想的关键所在。碌碌无为不是因为没有理想，而是因为对理想迟迟不能做出具体的行动，或是碰到一点困难就退缩放弃。

贝蒂和露丝是两个出身完全不同的美国女孩，她们都有一个梦想：做一名电视节目主持人。

贝蒂有良好的家庭背景，父亲是芝加哥有名的外科医生，母亲则是一所名牌大学的教授，她的家庭给她提供了很大的支持和帮助。一直以来，贝蒂都觉得自己有做主持人的天赋，每次与陌生人相处时，她总能凭借着自身的亲和力很快地与对方交谈起来。而且，贝蒂知道如何从他人口中"掏出心里话"。贝蒂常说："只要有人愿意给我一次上电视主持节目的机会，我相信自己肯定能成功。"

然而，她只是这样想，实际上却什么也没做。她每天都在等待着机会出现，希望自己一夜成功。结果，自然是失望。没有人愿意让一个毫无经验的人担任电视节目主持人，更没有一个节目主管会跑到外面去搜寻"天才"，他们从来都是等着别人去找他们。

露丝出生在一个不太富裕的家庭，没有良好的家庭背景，但她最后却实现了做主持人的梦想。露丝从小就知道，天底下没有免费的午餐，要成功就必须努力争取。她白天做工，晚上在大学的舞台艺术系上夜校。毕业之后，她便开始谋职，几乎跑遍了芝加哥的每一个广播电台和电视台，但却屡遭拒绝，因为她没有经验。

不过，露丝不是个甘愿认输的人，她继续寻找机会。一连几个月，她总是关注广播电视方面的杂志，终于有一天，她看到北达科他州一家很小的电视台在招聘一名预报天气的女主持人。

露丝是南方人，并不喜欢北方。可是，她无比渴望得到一份与电视有关的职业，不管是干什么。于是，她抓住了这个机会，动身去了北达科他州。露丝在那里工作了两年，最后又在洛杉矶的一家电视台找到了工作。五年之后，她终于实现了自己的理想，成了一名电视节目主持人。

当自身的处境与理想相差甚远的时候，没有一个人愿意坐以待毙，就这样荒废了自己的一生。每逢这时，他们的内心总会燃起一阵渴望："我要过上富足的生活，我要找一份更有发展的工作"……这些念头反复出现在他们的脑海中。有了这个想要改变的想法，就证明他们已经确定了目标，可是想要真实地改变生活，只有目标绝对不够，因为通往成功的路是"走"出来的，而不是"想"出来的。

有位哲人曾经说过："我们生活在行动中，而不是生活在岁月里。"要改变生活境遇，首先就要行动起来，这是最快最有效的方法。

空想，动嘴发牢骚，抱怨没有好的机会，没有任何意义。想得再好，说得再好，不去行动，又有什么用呢？人生的道路上，永远都有机遇在前方等着我们，但它们总是藏躲在一些角落里，我们必须耐心、积极地去寻找，而不是守株待兔。

不管是想改变生活，还是想获得事业的成功，都离不开行动。如果你有智慧，那就拿出智慧；如果缺少智慧，那就勤奋耕耘。总之，无论是运用大脑，还是运用体力，必须要让自己"动起来"。否则的话，成功就永远都只是"海市蜃楼"。

我们都只是平凡的人，如果自己不努力奋斗、勤奋实干，梦想就永远只能是梦想。如果你有梦想，那就要有让它照进现实的勇气、决心和能力，想好就去做，不要给自己任何借口。

不去做永远不知道自己行不行

有些事你不去做，你想要的就永远得不到。

人生所有的设想和计划只有付诸行动才有可能变为现实，不管是多么伟大的构想，如果不去做，就不会给自己和他人带来什么收获，所以，人生的关键就是去做，去行动。

游小芊，一个普普通通的成都女孩。古灵精怪，又有些马虎，这是朋友们对游小芊的评价。2007年4月，游小芊参加一场同学聚会，睡过头的游小芊没有意识到自己两只脚上的袜子迥然不同。聚会中，一向外向的游小芊和好友嬉戏打闹。不经意间，好友看到了游小芊的个性穿着，惊讶地问："小芊，你这袜子哪里买的，这么个性。"尴尬的游小芊正盘算着如何掩饰自己的窘态，却发现朋友并未嘲笑她，反而是对她的个性装扮大加赞扬。这让游小芊心生灵感：对啊！两只脚为什么一定要穿一样的袜子呢？

游小芊说做就做，聚会结束后她便迫不及待地上网搜索有关资料。她发现在美国的服装界，一家名为"搭配小姑娘"的网络服装连锁公司正受到人们越来越多的关注。有些人认为"搭配小姑娘"这匹黑马会是除网上鞋店外又一家成功的网络公司。

"搭配小姑娘"的强势崛起吸引了游小芊的眼球，因此她不遗余力地探索这家公司的运作模式。经过一段时间的考察后，游小芊发现这家公司是靠销售袜子起家的。"搭配小姑娘"在创立初期，依靠别具特色的设计和鲜艳的色彩吸引了无数女性的眼球。不论是少女，还是成熟女性；不论是白领，还是影视明星，都无法抗拒"搭配小姑娘"带来的巨大诱惑。只用了短短两年时间，这家公司销售的袜子就超过60万只，更是拥有600多家实体连锁店，公司的实体资产和虚拟资产总价值高达1亿美元。

"搭配小姑娘"的成功让游小芊备感意外，游小芊通过搜索数据和市场调查，发现白领们越来越在意搭配的个性化和创意化。由于工作原因，大多数白领无法在衣着、发型、饰品等方面"大做文章"，因此袜子作为服装搭配不可或缺的一部分获得了大量白领的青睐。她还发现，大多数人在生活中都会碰到这样的事情：我的另一只袜子放在哪里了？当人们找不到那只离奇失踪的袜子时，大都会重新挑选一双袜子。

那么，想要在袜子搭配上做文章，想要帮助部分生活马虎的人解决找不到另一只袜子的问题，出售不成对的袜子是一种办法。游小芊认为，只要不成一对，不同颜色、款式的袜子可以随意搭配，这就是无数白领所追求的创新和个性。

想通这一点的游小芊毅然决然地辞去了原来的工作，决心开一家袜子专卖店。在说服家人之后，游小芊集资开了一家名为"足意"的小店。"足意，足够创意，足矣。"这就是小店的销售理念。游小芊花大把的时间经营自家的小店，她做的第一件事情就是将采购来的各种袜子全部打乱，然后凭个人喜好随意搭配，为此她还特地请来了家中的女性成员为这些袜子"创意配对"。

做好准备工作后，游小芊开始思考如何为自家小店打出名气来。几天的苦思冥想后，游小芊终于想到一条妙计。于是，在当地的诸多热门论坛上出现了一篇名为《足下的秘密风景》的帖子，帖子开头一句便是："你是否还在为没有创意的搭配而苦恼，你是否还在为死板的衣着而郁闷，你是否注意到自己足下隐藏的秘密风景……"这样一篇帖子一下子吸引了大量白领的眼球，阅读完整篇文章后，大多数白领对帖子中提到的"足意"小店心生好奇。

在好奇心的驱使下，不断有人来到游小芊的"足意"小店。随着往来的客人越来越多，小店的知名度也越来越大。10～20元一双的袜子，一天能卖出30来双，纯利润接近300元，而购买这些个性袜子的白领们也为这个美丽的城市又添了一道亮丽的风景线。

某一天，正在为袜子配对的游小芊听到一个女生说："如果这只蓝色的袜子能和那只绣着阿狸的袜子是一对就好了。"游小芊突然发现这是一个吸引消费者的亮点，于是她便打出广告，每一位来"足意"小店购买袜子的客人都拥有绝对的搭配权。改变销售模式后，游小芊干脆当起了"甩手掌柜"，她不再为袜子配对，而是将原本成双的袜子单只摆放，让消费者自行搭配。

"足意"小店的生意一日比一日火爆，消费者的人数和要求也越来越多，为满足不同客户的要求，游小芊又行动了起来。2008年11月，游小芊联系到一家袜子生产商，她希望能和生产商直接开展合作，订制一批具有品牌特色的袜子。通过洽谈，生产商答应为"足意"加工独具创意的产品。为满足部分顾客收藏的嗜好，游小芊给每只袜子都赋予了特别的编号，有"惊艳7号""前卫25号"等。游小芊的"点子"层出不穷，这也使得"足意"小店的规模越来越大，曾经的小店到2009年5月的时候已经拥有7家分店了，游小芊用两年时间成功淘金50多万元。她还有一个更大的梦想——在全国范围内开100家分店！

游小芊的成功就在于她认准了目标就行动，不想那么多，说做就做。如果游小芊只想不做，一直等下去，就不会有这个结果。

你不行动，谁也帮不了你

悦 读

行动不一定就能带来成功，
但没有行动肯定不会成功。

　　机遇在于创造，更在于行动。一位学者曾说过："只有饱和的思路，没有饱和的市场。"作为创业者，在冷淡低迷的市场当中，不应该按老套路经营，而应该多动脑子、多想办法、抓住时机、主动出击，以奇特的思维创造商机，这样才能在商战中立于不败之地。行动起来，机遇就是你的。

　　这世间，只有行动才能够将理想变为现实。也许你早已经为自己的未来勾画了一个美好的蓝图，但是它同时也给你带来烦恼。你觉得自己迟迟不能将计划付诸实施，你总是在寻找更好的机会，或者常常对自己说：留着明天再做。这些做法极大地影响了你的做事效率。要获得机遇和成功，必须立刻开始行动。任何一个伟大的计划，如果不付诸行动，就像只有设计图纸却始终没有盖起来的房子一样，永远只是空中楼阁。

古人常言："千里之行，始于足下。"拥有梦想，更要敢于行动，这才是通向成功的最佳途径。无论你身居达官显位，还是身处平民街巷，无论你奔波于闹市通衢，还是置身于田园山水，只要敢于行动并专注执着，才能不必在意常人眼中的得失、荣辱、毁誉，才能拥有笑傲人生的旷达和潇洒。

美国卖汉堡的餐馆很多，但只有雷·克洛克被称为"汉堡大王"，他的故事很有传奇性。

他在高中二年级主动休学离校后，曾经在几个旅行乐团里担任过钢琴师，在芝加哥无线电台担任过音乐节目导播，在佛罗里达推销过房地产，还在中西部贩卖过纸杯，他深刻地体会过失败的滋味。"在佛罗里达的房地产热潮消退以后，我变得一无所有"。他回想道，"我没有大衣，没有外套，连副手套都买不起。我从佛罗里达返回到芝加哥，到家之后几乎冻成棒冰，满怀失落"。

克洛克在1937年起开始自己做生意，担任一家经销混乳机小公司的头目。所谓混乳机，实际上是一种能同时混合拌匀5种麦乳的机器。1954年，他在加利福尼亚州圣伯纳地诺城注意到了一家小餐厅，老板是麦当劳兄弟——马克与狄克，他们要购买8台混乳机。因为从未有人买过这么多，克洛克决定亲自去查看麦当劳兄弟的工作。他来到圣伯纳地诺城，立马看出麦当劳兄弟已经踏进了一座金矿。"他们要客人站着排队，只为抢购15美分的汉堡"。他回忆说，声音里似乎还带着那么点儿惊讶。克洛克问麦当劳兄弟为何不多开几家餐馆。"那时候我心里想的是机器而不是牛肉饼，如果每一家餐馆都能够买我8台机器，我很快就会发财"。但是狄克摇摇头，指着附近的小坡，"看到上面那栋房子了吗？"他说，"那就是我的家，我喜欢那里。倘若我们开了连锁餐馆，我们就很难有闲暇时间回家了。"

克洛克看到发财的机会来了，并马上把它抓在手里。麦当劳兄弟答应给他在全国各地开分店的经销权，只需要抽取他5％的利润。克洛克认认真真地干了起来。1955年4月15日，他在芝加哥开了第一家麦当劳餐馆，第二家于同年9月在加利福尼亚州的弗列斯诺市开始营业，第三家也于同年12月在加利福尼亚州雷萨达市开业。后来增设分店的速度逐渐加快，到了1960年，总共有228家麦当劳餐厅分设各地。1961年，克洛克用270万美元向麦当劳兄弟买下了主权。1968年之前，每年大约有100家分店陆续开张，在这之后又增加到了每年200家。

机遇就是馅饼，即使从天上掉下来也要全身心投入去抢。战场和市场虽然不尽相同，但是高明的商人往往独具慧眼，在市场竞争中，先知先行，想同行之所未想，能对手之所不能，使经济实力蒸蒸日上；反之，你能人也能，你有人也有，满足于一般经营，对市场机遇熟视无睹，恐会面临破产倒闭的危险。

有这么一个人，从明确目标开始，他就时刻提醒自己行动才是第一位的。这个人当时不过是美国海岸警卫队的一名厨师，无事可做的时候，他替同事们写情书，写了一段时间之后，他发现自己爱上了写作。于是，他就给自己定下了一个目标：用两到三年的时间去创作一本长篇小说。为了实现这一目标，他决定马上行动起来。每天晚上，大家都跑去娱乐了，他却躲在屋子里笔耕不辍。这样连续写了8年，他终于首次在杂志上发表了自己的作品，可也只不过是豆腐块那么大而已，稿酬也只有可怜的100美元。他没有因此灰心，相反，他从中看到了自己的潜能，从此更加努力。

从美国海岸警卫队退休之后，他仍然坚持写作。他的稿费不多，但欠款却越来越多了，有时候，他甚至连买面包的钱都没有。尽管这样，他仍然锲而不舍地写着。朋友们见他实在太穷了，于是为他在政府部门找了一个工作。可是他却拒绝了，他说："我想要当一个作家，我必须不停地写作。"又经过几年的努力，他最终写出了那本预想中的书。为了这本书，他投入了整整12年的光阴，忍受了常人难以忍受的艰难岁月。因为不停地写，他的手指早已变形，他的视力也下滑了许多。

然而，他最终成功了。小说出版后很快就引起了巨大的轰动，仅在美国就发行了160万册精装本与370万册平装本。这部小说还被改编成电视连续剧，观众超过一亿三千万人，创下电视收视率历史上的最高纪录。而他也获得了普利策奖，收入瞬间超过了500万美元。

这位著名的作家名叫哈利，他的成名作就是我们今天耳熟能详的《根》。哈利说："取得成功的唯一途径就是行动，努力工作，并且对自己的目标深信不疑。世上并没有什么神奇的魔法可以将你一举推上成功之巅，你必须有理想和信心，遇到艰难险阻时必须设法克服它。"

创造机遇，需要我们全身心地投入，浅尝辄止只能让我们前功尽弃。成功者的路有千万条，但是行动却是每一个成功者的必经之路。一个人想取得成功，关键是要有行动，行动胜于一切。

在机遇面前，你还在犹豫什么？行动就好比是一场漫长的分期投资，而成功则意味着是对这场投资的回报。成功源于行动，追求一份成功与收获，才能体现出生命的价值与意义。

不必"万事俱备"，要行动就尽快

"千里之行，始于足下。"一次行动胜过百遍心想，躺在床上是上不了路的。
计划可以在实施中完美，条件可以靠创造去成熟，
等待万事俱备，很可能使你的计划胎死腹中。

很多时候情况都是特殊的，要想早日到达理想中的圣地，不必等到积累了足够的条件和资本后再去行动。很多时候，等到真正"万事俱备"了，我们却已经"有心无力"了。

创业也是这个道理。创业成功的人，大多是因为他们敢在别人之前大胆地跨出一步，并用实际行动去克服万难。相反，创业失败或是没有多大成绩的，多是由于缺少行动的勇气，认为条件还不成熟、不完善，于是裹足不前，与辉煌的成功失之交臂。

温州鞋业公司的老板张大光，他的生意异常红火。他有个弟弟叫张大明，也

有自己的鞋业公司，但生意远不如他好。他们为何存在这么大的差距呢？这还要追溯到20多年前。

在改革开放之初，兄弟两人就看到了政策变化可能带来的无限商机。他们认为，随着改革开放，人们会慢慢摆脱过去那种自给自足的生活方式，穿衣戴帽等需求会日益趋向商品化。于是，两兄弟决定各办一个制鞋厂。大光说干就干，作出决定后，立即行动起来，请来师傅，聘来工人，购进设备和原料，不出半个月，就把产品推向了市场。而大明虽积累了一定的必备条件，但仍犹豫不决，他想先看看哥哥鞋厂的经营与收入状况，然后再作决定。

大光的鞋厂在创业初期遇到了很多问题。例如，产品常常没有销路，资金也周转不开，再就是管理经费欠缺，还常常不能按时发放工资。这样一来，工人生产的积极性大大降低，三天两头在厂里闹情绪，鞋厂的工作很难进行。看到这些情形，大明暗自庆幸自己明智，心想自己幸亏没像哥哥那样鲁莽行事，否则也要收拾一堆"烂摊子"。

确实，大光的制鞋厂遇到的困难是很多人都会体验到的。更何况大光是改革开放后第一批创业打天下的人，那时可供借鉴的创业经验和出色的管理人才十分缺乏，一切需在摸爬滚打中进行。但大光并没有被困难吓倒，他凭顽强的拼搏精神和灵活的头脑，与员工一起克服了重重困难，很快使制鞋厂渡过了难关，迎来了事业上的春天！

看到哥哥的事业蓬勃发展、生意红火，弟弟大明羡慕不已，同时也因为自己的畏首畏尾而后悔不已。经过深思熟虑之后，他办起了自己的制鞋厂。然而先机已失，当他办起鞋厂时，全国各地的鞋厂已如雨后春笋般相继发展起来。这时大光的鞋厂已经创办了一年多，凭借其优秀的产品以及良好的企业形象赢得了消费者的喜爱，而大明的厂子至今仍客户寥寥。

截至目前，大光已在全国建起了自己庞大的行销网络，拥有资产数亿元，可谓遍地开花。而大明的鞋厂由于接不到订单，又没有自己的管销网络，最终停止了销售业务，成为大光鞋厂的下属部门。如今，大明的个人资产连大光的百分之一都不到。

兄弟俩在事业上高低的差距，是由其行动的快慢造成的。哥哥当机立断，立即行动，经过一番拼搏，最后取得了事业上的成功。而弟弟优柔寡断，总想等到时机成熟再行动，最后错失良机，没能取得较大的成就。

同样都是行动，但行动的态度与方式不同，产生的结果也不同，形成了巨大的反差。

所以，如果你想早日实现心中的理想和目标，想创造辉煌灿烂的人生，那么，不必等到"万事俱备"，尽快行动吧！

©徐子清   2016

图书在版编目（CIP）数据

世界如此残酷，你要全力以赴：逆境成功的十个关
键词 / 徐子清著. — 沈阳：辽宁人民出版社，2017.3
ISBN 978-7-205-08875-0

Ⅰ. ①世… Ⅱ. ①徐… Ⅲ. ①成功心理—通俗读物
Ⅳ. ①B848.4-49

中国版本图书馆CIP数据核字（2017）第011283号

出版发行：辽宁人民出版社
　　　　　地址：沈阳市和平区十一纬路25号　邮编：110003
　　　　　电话：024-23284321（邮　购）　024-23284324（发行部）
　　　　　传真：024-23284191（发行部）　024-23284304（办公室）
　　　　　http://www.lnpph.com.cn
印　　　刷：北京中印联印务有限公司
幅面尺寸：170mm×240mm
印　　张：15
字　　数：216千字
出版时间：2017年3月第1版
印刷时间：2017年3月第1次印刷
责任编辑：蔡　伟
封面设计：仙境设计
版式设计：刘珍珍
责任校对：吴艳杰
书　　号：ISBN 978-7-205-08875-0

定　　价：39.80元